粳稻产量品质形成及调控对策

马莲菊 王 术 著

科学出版社

北京

内容简介

辽宁省水稻生产水平居全国前列,属粳型,直链淀粉含量低,胶稠度大,适口性好,深受人们青睐。株型理想的直立穗型水稻品种辽粳5号育成使辽宁水稻单产有了大幅度提高。继辽粳5号之后,又有一批丰产性良好的品种问世,如辽粳326、沈农91、沈农611等。这类品种具有喜肥、喜水、抗倒伏等特点,为水稻生产作出了突出贡献。然而,随着人们生活水平的日益提高,以及稻米市场的开放等,人们对稻米品质的要求越来越高。因此,研究粳稻产量品质形成基础及相应的高产优质配套措施对粳稻生产水平的提高具有重要的理论意义和现实意义。

本书对与产量形成关系密切的生理性状进行研究,探讨了株型特征、水稻生育后期光合特性及抽穗后干物质生产等方面对产量的影响;利用偏相关分析、主成分分析、AMMI模型及聚类分析等方法,研究稻米品质特点及稻米品质稳定性;对不同穗型水稻品种进行源库处理,探讨不同粒位稻米品质形成生理基础;从施肥、栽培方式及有效生物群方面探讨北方粳稻高产优质配套措施等,为水稻高产优良品种选育工作奠定了坚实的基础。

本书可供水稻种植、管理工作者和高等农业院校师生及有关科技人员参考。

图书在版编目(CIP)数据

粳稻产量品质形成及调控对策/马莲菊,王术著. —北京:科学出版社
ISBN 978-7-03-037358-8

Ⅰ. 粳… Ⅱ. ①马…②王… Ⅲ. ①粳稻-产量-研究②粳稻-粮食品质-研究 Ⅳ. ①S511.2

中国版本图书馆 CIP 数据核字(2013)第 083195 号

责任编辑:高 嵘 孙晓洁/责任校对:桂伟利
责任印制:彭 超/封面设计:苏 波

科学出版社 出版
北京东黄城根北街16号
邮政编码:100717
http://www.sciencep.com

武汉市首壹印务有限公司印刷
科学出版社发行 各地新华书店经销

*

2013年4月第 一 版 开本:B5(720×1000)
2013年4月第一次印刷 印张:10 1/2
字数:200 000

定价:55.00元
(如有印装质量问题,我社负责调换)

作者简介

马莲菊（1969—），博士，副教授，硕士生导师。1994年毕业于沈阳师范大学，获理学学士学位；1997年获沈阳农业大学农学院作物遗传育种专业农学硕士学位，2005年获沈阳农业大学农学院作物遗传育种专业农学博士学位。现任沈阳师范大学化学与生命科学学院微生物与遗传学教研室主任。

多年来一直从事粳稻遗传育种和逆境生理的科研工作，先后主持辽宁省自然科学基金、辽宁省教育厅科研基金项目，沈阳市人才专项基金及校博士启动基金项目等。作为主要完成人，先后参加国家自然基金及省市基金项目10余项。发表论文30余篇，其中2篇论文获辽宁省学术成果奖；科研成果获辽宁省科技进步一等奖1项，农村推广奖二等奖1项；参加选育粳稻新品种1个；参与编写专著1部；申请专利1项。同时承担遗传学、分子遗传学、专业外语等多门课程的本科生及研究生的教学工作。2009年获沈阳师范大学"十大巾帼建功立业标兵"称号。

王术（1968—），博士，教授，博士生导师。1993年毕业于沈阳农业大学农学专业，获农学学士学位，留校任教。1996年获农学硕士学位；1999年获农学博士学位。2000年8月至2001年7月获国家教委留学基金资助，赴加拿大农业部进行合作研究。2003年3月至2005年2月获加拿大自然科学研究基金（NSERC）资助，再次赴加拿大农业部从事作物分子生物学的博士后研究。现任沈阳农业大学农学院作物栽培与耕作教研室主任。主讲本科生专业课及博士生课程。

目前主要从事粳稻、小麦高产优质栽培、生理和遗传改良的科研和教学工作。近10年来，主持国家、省部级科研课题5项，主编及参编著作各1部，在《中国农业科学》（英文版）、《作物学报》和《沈阳农业大学学报》等刊物上发表科研论文20余篇，主持选育粳稻、春小麦新品种各1个，参加选育优质高产多抗粳稻新品种16个，申请农业部植物新品种保护权5个。科研成果获辽宁省科技进步一等奖1项，三等奖2项，获农业部丰收奖三等奖1项，获辽宁省农委农业科技贡献一等奖2项，2篇论文获辽宁省学术成果一等奖。2004年入选辽宁省"百千万人才工程"千人层次，2011年入选辽宁省"百千万人才工程"百人层次。

前　言

粳稻是世界上重要的粮食作物之一，在我国则是第一大粮食作物，占全国粮食总产量的40%左右。20世纪90年代中后期，我国约有65%的人口以稻米为主食，常年稻谷消费量为1.8亿～1.9亿t。粳稻在辽宁省也是最重要的粮食作物，播种面积占粮食作物播种面积的18%左右，产量约占粮食总产量的22%。

稻米也是我国的传统大宗出口商品，在世界主要稻米出口国中我国位列第9。但全球稻米贸易总量仅为世界稻谷总产量的4%～5%，由于市场狭小，国际稻米市场竞争激烈，因此米质差的品种很难打入国际市场。近年来，人们生活水平日益提高，膳食结构和食用习惯发生改变，对稻米品质的要求越来越高，促使各国大力提高稻米品质，以增强国际竞争力。由此可见，我国稻米生产既要重视产量，也要重视品质，要高产和优质并重。

为此，作者将10多年来的研究进行了回顾和总结，并对有关方面的工作加以介绍，以便和国内同行进行交流，为高产优良粳稻品种的选育提供理论参考，以促进我国粳稻产量和品质再上新台阶。本书主要内容分为绪论、粳稻生理与产量形成、粳稻生理与品质形成、施肥及栽培方式和有效微生物群对粳稻产量的影响共5篇内容。

值本书完成之际，作者对在研究中的合作者以及所有提供过帮助的人们表示诚挚的谢意。他们是：沈阳师范大学李玥莹教授、李雪梅教授、马纯艳教授、卜宁副教授、陶思源高级实验师、王升厚高级实验师、李娜实验师、陈强实验师、潘兴同学、王宇同学和蒋滢同学等；沈阳农业大学吕文彦副教授、张宝石教授、王伯伦教授、张龙步教授、郭玉华教授、于翠梅副教授、曹萍实验师等；沈阳市农村经济委员会种植业处高峰处长。

本书的一系列研究工作得到辽宁省自然基金（20032092，20102205）、辽宁省教育厅科研基金（L2010516）、辽宁省博士启动基金（2001102059）和国家自然基金（31270369）的支持。

限于作者水平有限，书中难免有不当之处，恳请读者批评指正。

作　者
2012年5月于沈阳

目　录

前言

第一篇　绪　论

第1章　粳稻产量形成研究进展 ……………………………………………… 3
1.1　粳稻产量构成要素 ……………………………………………… 3
1.2　粳稻灌浆特性与产量关系 ……………………………………… 3
1.3　光合特性与产量关系 …………………………………………… 5
1.4　高产粳稻群体结构特征与产量关系 …………………………… 6
1.4.1　茎叶结构 …………………………………………………… 6
1.4.2　穗粒结构 …………………………………………………… 8

第2章　粳稻稻米品质形成研究进展 …………………………………………… 10
2.1　稻米品质研究概况 ……………………………………………… 10
2.1.1　稻米的组分及其品质评价 ………………………………… 10
2.1.2　稻米品质性状的相关性 …………………………………… 12
2.2　稻米品质形成的生理基础 ……………………………………… 13
2.2.1　蔗糖及与其相关的酶 ……………………………………… 14
2.2.2　淀粉的生物合成及其关键酶 ……………………………… 16
2.2.3　稻米品质形成过程中关键酶及其活性的动态变化研究 … 19
2.2.4　胚乳淀粉积累与稻米品质的关系 ………………………… 20
2.3　粳稻灌浆特性与稻米品质关系 ………………………………… 21

第3章　高产粳稻群体调控技术 ………………………………………………… 22
3.1　粳稻栽培技术对产量的影响 …………………………………… 22
3.1.1　粳稻种植方式发展趋势 …………………………………… 22
3.1.2　氮肥施用技术现状 ………………………………………… 23
3.2　植物生长调节剂和生物制剂在粳稻生产中的应用 …………… 24
3.2.1　植物生长调节剂 …………………………………………… 24
3.2.2　生物制剂 …………………………………………………… 24

第二篇　粳稻生理与产量形成

第4章　不同穗型粳稻品种抽穗后物质生产与灌浆特性的比较研究 ………… 29
4.1　材料与方法 ……………………………………………………… 29

4.2 结果与分析 ··· 30
4.2.1 不同穗型品种的产量比较 ··· 30
4.2.2 不同穗型品种抽穗后物质生产与分配的比较 ··· 32
4.2.3 不同穗型品种穗部性状和籽粒灌浆特性的比较 ··· 37
4.2.4 不同穗型品种穗部功能的初步比较 ··· 46
4.3 结论和讨论 ··· 49

第5章 不同类型粳稻品种产量生理特性与株型特征的研究 ··· 52
5.1 材料与方法 ··· 52
5.1.1 试验材料 ··· 52
5.1.2 试验方法 ··· 52
5.2 结果与分析 ··· 53
5.2.1 产量构成因素与稻谷产量的关系 ··· 53
5.2.2 高产粳稻群体生理特性研究 ··· 55
5.2.3 高产粳稻群体株型特征的研究 ··· 61
5.3 小结 ··· 64
5.4 讨论 ··· 65
5.4.1 从品种演变看产量三因素在粳稻高产中的作用 ··· 65
5.4.2 生物产量和经济系数在粳稻产量形成中的作用 ··· 66
5.4.3 粳稻品种的光合特性与高产育种和栽培 ··· 67
5.4.4 高产粳稻品种的株型特征 ··· 68

第三篇 粳稻生理与品质形成

第6章 辽宁省粳稻品种品质特点 ··· 73
6.1 材料与方法 ··· 73
6.1.1 试验材料 ··· 73
6.1.2 方法 ··· 73
6.2 结果与分析 ··· 74
6.2.1 不同类型粳稻稻米品质及经济性状概况 ··· 74
6.2.2 品质性状与经济性状的关系 ··· 76
6.2.3 品质性状的主成分分析 ··· 78
6.2.4 品质性状的适应性和稳定性 ··· 79
6.3 小结 ··· 84
6.4 讨论 ··· 85
6.4.1 外观品质是影响辽宁省粳稻稻米品质的主要因素 ··· 85
6.4.2 利用AMMI模型分析粳稻品种品质的稳定性 ··· 85

第7章 稻米品质形成生理的比较研究 …………………………………… 87
　7.1　材料与方法 ………………………………………………………… 87
　　　7.1.1　试验材料 …………………………………………………… 87
　　　7.1.2　方法 ………………………………………………………… 87
　7.2　结果与分析 ………………………………………………………… 91
　　　7.2.1　籽粒灌浆特性 ……………………………………………… 91
　　　7.2.2　籽粒发育期间胚乳中有关糖代谢的酶的活性变化 …… 100
　　　7.2.3　酶活性与灌浆速率的关系 ……………………………… 108
　　　7.2.4　八品种强、弱势粒稻米品质 …………………………… 108
　　　7.2.5　生理特性与稻米品质的关系 …………………………… 112
　7.3　小结 ……………………………………………………………… 114
　7.4　讨论 ……………………………………………………………… 115

第四篇　施肥及栽培方式对粳稻产量影响

第8章 不同类型粳稻品种氮肥利用效果研究 …………………………… 119
　8.1　材料与方法 ……………………………………………………… 119
　　　8.1.1　试验材料 ………………………………………………… 119
　　　8.1.2　试验方法 ………………………………………………… 119
　　　8.1.3　项目调查 ………………………………………………… 119
　8.2　结果与分析 ……………………………………………………… 120
　　　8.2.1　不同氮肥水平下各品种生物产量、经济产量和经济系数 … 120
　　　8.2.2　不同氮素水平下各品种主要农艺性状的差异 ………… 120
　　　8.2.3　不同氮素水平下各品种的生理特性研究 ……………… 123
　　　8.2.4　不同氮素水平下各品种某些形态特征的差异 ………… 125
　　　8.2.5　不同品种中等肥力下群体生产力和个体生产力的比较 … 125
　8.3　小结 ……………………………………………………………… 126
第9章 栽培方式对粳稻产量的影响 ……………………………………… 128
　9.1　材料与方法 ……………………………………………………… 128
　　　9.1.1　供试品种 ………………………………………………… 128
　　　9.1.2　栽培方式 ………………………………………………… 128
　　　9.1.3　田间管理 ………………………………………………… 128
　　　9.1.4　测试方法 ………………………………………………… 128
　9.2　结果与分析 ……………………………………………………… 128
　　　9.2.1　不同栽培方式对产量及主要农艺性状的影响 ………… 128
　　　9.2.2　不同栽培方式边际效应分析 …………………………… 130

9.2.3　不同栽培方式对粳稻群体生长发育的影响 ……………………… 131
9.2.4　不同栽培方式的经济效益分析 …………………………………… 134
9.3　小结 ……………………………………………………………………… 136

第五篇　有效微生物群对粳稻产量影响

第10章　有效微生物群（EM）对粳稻发芽和秧苗素质的影响 ………… 139
10.1　材料与方法 …………………………………………………………… 139
10.1.1　EM粳稻浸种试验 ………………………………………………… 139
10.1.2　EM浸种防治病害试验 …………………………………………… 139
10.1.3　EM及植物生长调节剂发芽试验 ………………………………… 139
10.1.4　EM及植物生长调节剂秧苗喷施试验 …………………………… 140
10.2　结果与分析 …………………………………………………………… 140
10.2.1　EM粳稻浸种对粳稻发芽势的影响 ……………………………… 140
10.2.2　EM浸种对粳稻秧苗素质的影响 ………………………………… 141
10.2.3　抗病效果和EM-5号抗病菌群的分离 …………………………… 141
10.2.4　粳稻秧苗喷施EM及植物生长调节剂秧苗素质比较 …………… 142
10.3　结论 …………………………………………………………………… 143

第11章　有效微生物群（EM）对粳稻产量的影响 ……………………… 144
11.1　材料和方法 …………………………………………………………… 144
11.1.1　试验材料 …………………………………………………………… 144
11.1.2　试验方法 …………………………………………………………… 144
11.2　结果与分析 …………………………………………………………… 145
11.2.1　EM浸种粳稻对产量和经济效益的影响 ………………………… 145
11.2.2　粳稻苗期EM喷雾增产效果 ……………………………………… 145
11.2.3　粳稻秧苗喷施EM及植物生长调节剂秧苗素质和增产效果比较 …… 146
11.3　结论与讨论 …………………………………………………………… 147

参考文献 ……………………………………………………………………… 148

第一篇 绪 论

第1章 粳稻产量形成研究进展

1.1 粳稻产量构成要素

粳稻产量包括生物产量和经济产量。生物产量是指粳稻在生育期间生产和积累有机物的总量,即整个植株(不包括根系)总干物质的收获量。经济产量则是按栽培目的所需产品的收获量。作物的经济产量是生物产量的一部分,其形成以生物产量为物质基础。生物产量转化为经济产量的效率,称为经济系数,即作物的经济产量在生物产量中的比例。粳稻的经济系数为50%左右。粳稻在正常生长情况下,经济系数是相对稳定的,因而生物产量越高,经济产量一般也越高,因此提高生物产量是获得粳稻高产的基础。

每亩[①]有效穗数、每穗结实粒数和粒重(千粒重)是构成粳稻产量的三要素。单位面积的有效穗数取决于基本苗数,在一定范围内随其增加而增加。当每亩穗数增加到一定范围后,穗数与粒数矛盾增大,即每亩有效穗数的增加会导致每穗结实粒数的减少,若每穗结实粒数减少造成的损失不能由增加的穗数来弥补时,产量就会下降。千粒重是一个相对稳定的因素,但如气候条件差、栽培管理不当,千粒重小,也能对产量造成严重影响。因此,只有合理选择品种,加强栽培管理,正确协调个体与群体关系,调整各因素之间最佳构成,才能获得高产。

1.2 粳稻灌浆特性与产量关系

粳稻籽粒灌浆最终决定粒重和稻米产量,是重要的生理过程。籽粒的灌浆过程主要受制于品种,粒重的增加量受灌浆物质供应量、同化物运输速度、库强度、物质分配及外界各种条件的影响,最终表现在灌浆速度和灌浆时间上。

有关粳稻籽粒灌浆方面的研究,最早始于长户一雄(1941),王天铎于1962年以晚粳品种老来青为材料,发现粳稻开花后早期(4~8天)营养不足(减源或遮光)时,可使尚未启动灌浆的弱势粒停止增重,而以后(12~16天)即使营养改善了,则一度停止灌浆的籽粒也不再恢复灌浆,由此他认为粳稻籽粒灌浆

---

① 1亩≈666.67m²

的调节作用不同于其他生理过程，不可多次反复进行，进而提出粳稻籽粒灌浆的调节过程在时间上有一定局限性与阶段性，以及灌浆能力的不可逆变化等观点。上述观点影响甚大，直到1979年朱庆森等发现粳稻弱势粒受精后曾一度滞育，而后又能恢复灌浆能力，从而证实粳稻籽粒形成过程绝非是一次完成的或不可调节的，而是陆续启动增重的。粳稻强势粒受精后迅速增重，在某种程度上暂时减缓或一度抑制弱势粒；待强势粒增重高峰下降后，弱势粒才会相应出现增重高峰；强、弱势粒之间似乎存在着启动灌浆所需的不同的"能障"或"阈值"，粒位间似乎存在顺序跨越并顺序积累干物质的阶梯效应，称为阶梯式灌浆；如果粳稻弱势粒灌浆启动较早，在时间上与强势粒同步，称为强弱势粒同步灌浆型；如果弱势粒受精后相当一段时间内增重缓慢，待强势粒增重高峰（达最终粒重99%）下降后，弱势粒才开始加速灌浆，称为强弱势粒异步灌浆型，即粳稻籽粒的两段灌浆（朱庆森等，1988）。马国辉（1996）研究表明两段灌浆是粳稻的共性所在，强、弱势粒的同步灌浆及弱势粒的异步灌浆能力的差异决定该特性的表达。同步性强，异步性弱，两段灌浆表现不明显；同步性弱，异步性强，两段灌浆表现明显。不同研究者对粳稻两段灌浆这一问题看法各异。马国辉（1996）认为粳稻同步灌浆性强，表现灌浆启动早，速率快，物质撤退早，有利于提高结实率和籽粒充实度。但是，朱庆森等（1988）认为，粳稻同步灌浆型品种的弱势粒进入灌浆早，同一穗中的强、弱势粒比较分散地渐次进入灌浆盛期，对灌浆物质的竞争较缓和，弱势粒在灌浆中后期生长速率较高；对于这种品种，延长灌浆期，改善灌浆中后期的条件，对于提高结实率和产量具有特别重要的意义。朱庆森进一步指出同步灌浆型品种穗小，总颖花量少；而异步灌浆型品种均为大穗型，总颖花量大，并认为异步灌浆型品种的灌浆特点可能是随着生产能力的提高，库容量进一步扩大后，在灌浆过程中协调源库关系的一种方式。

  粳稻籽粒灌浆物质主要来自抽穗后的光合同化物和抽穗前积累于茎鞘中的临时性贮存碳水化合物，二者对籽粒灌浆的作用与多种因素有关。徐秋生发现，亚种间杂交稻同穗受精颖花灌浆启动不同步，启动越迟，则充实所需时间越长，增加穗前茎鞘物质贮量并提高其运转率，可明显改善籽粒的充实状况。李木英等（1999）认为，茎鞘物质转运时间早、转运强度大、运转率高对籽粒灌浆充实有重要作用，其作用主要在增加结实率方面，而抽穗后的光合产物主要用于充实籽粒。王志琴等（1996）观察了亚种间杂交组合及其亲本组织的解剖，认为亚杂组合的弱势粒结实率低与韧皮部结构障碍有关，发现亚杂组合每朵颖花占有的干重在全生育期特别是结实期远高于其亲本，而且抽穗后茎鞘不仅没有净输出，反而有净增加；钱月琴等（1992）研究三系杂交稻去半穗后秕粒率，发现秕粒率仍有10%～30%，这说明粳稻弱势粒结实率低也不是营养物质供应不足所致，可能是灌浆启动滞后及其库强较弱所致。陈锦清等（1983）报道，粳稻穗部维管束和谷粒的发育成熟有关。王余龙等（1995）认为由于粳稻弱势粒灌浆持续时间长，所以在灌浆物质和籽粒灌浆能力得到保证的条件下，其结实率可达到强势粒的水平。说明弱势粒的结实能力并不比强势粒低，通过栽培条件的改善能在一定程度上提高弱势粒的结实率和粒重，提高产量。武翠等（2007）发现强势粒的灌浆受环境影响较小，弱势粒在灌浆前期、后期受环境影响较大，尤其是后期的细胞质与环境互作效应。这说明通过栽培条件改善能在一定程度上提高弱势粒的结实率和粒重，提高产量。

1.3 光合特性与产量关系

作物干物重的90%来自光合作用。粳稻光合特性的研究始于20世纪40年代末和50年代初，英国的Watson（1952）认为，决定作物产量的因素主要是叶面积的发展，表示光合速率高低的净同化率（NAR）在品种间差异并不大，与产量的关系也不密切，因此当时人们把注意力主要放在叶面积的研究上。Watson提出了"叶面积指数（LAI）"和"叶面积延存期（LAD）"的概念。但随着科学技术的发展，红外线CO_2分析仪应用于光合作用的测定，人们发现品种间光合速率差异很大，并把光合速率看成是决定产量的一个重要因素（Nelson et al.，1975；Raines，2011）。

从植物生理学角度、农业技术角度，以及从群体光合作用组成因素的角度，许多学者都对单叶光合速率的提高在未来作物增产中的作用作了充分的估计。石原邦等的研究证明光合速率高是高产品种高产的直接原因。黑田荣喜等（1990）的研究进一步发现，产量不同的新老品种抽穗前光合速率虽无差异，但结实期新品种比老品种高24%。这一点也存在不同观点，Moss和Musgrave（1971）、Nelson等（1975）采用单因子相关分析认为光合速率与产量呈负相关或相关不显著。但Ohno（1976）应用多元回归分析的方法，分析了叶面积及光合速率这两个因素与生物学产量的关系，结论是叶面积对产量的贡献占70%，单叶光合速率占30%。国际粳稻所研究发现在粳稻生殖生长期通过增加CO_2浓度提高单叶净光合率，能导致产量明显增加。姜楠等（2011）研究表明，随着粳稻品种育成年代的推进，叶片净光合速率增加，产量提高。

光合速率与其他性状相互关系的研究比较多，如粳稻单叶净光合率和成熟期、株高、穗长、谷粒长宽比、比叶面积、单位叶面积含氮量这几个农艺性状无连锁关系。比叶重及叶片含氮量与净光合率呈正相关的看法比较多（Gifford et al.，1984；林贤青，2005）。因此，育种家完全可以育成株型、抗性、米质都好而光合速率高的品种。因为粳稻产量主要取决于光合面积、光合时间、光合速率及干物质分配，在今后的育种实践中，如何通过提高光合速率来提高粳稻产量，是每个粳稻科技工作者所面临的重要任务。

1.4 高产粳稻群体结构特征与产量关系

粳稻产量最终是群体产量。高产粳稻群体应该是具有较高光能利用率的群体，而群体合理的光分布是粳稻群体高产的先决条件。作物群体光分布的理论分析是从20世纪50年代发展起来的。日本的门司正三等通过对草本植物的大量调查，以Lambert-Beer定律为基础，提出植物群体光分布定律。我国的殷宏章等（1959）提出了稻田群体光分布定律。自殷宏章先生提出作物"群体"概念以后，人们便开始有针对性地研究作物群体与作物高产的关系。殷宏章先生把粳稻群体按大田结构分为三个层次：光合层（或叶穗层）、支架层（或茎层）和吸收层（或根层）。总之，粳稻群体结构主要包括冠层结构（地上部分）和根层结构（地下部分）。但二者并不是孤立的，而是相辅相成的，前者又可分为茎叶结构和穗粒结构。

1.4.1 茎叶结构

绿色叶片是进行光合作用的主要场所，叶片质量的好坏决定粳稻个体及群体优劣。诸多学者对叶片特性进行了深入细致的研究，如叶片的光合特性、解剖特性（马秀玲等，1993；杨建昌等，2001；Chen et al.，2007）。

合理的茎叶结构应该具有大小适宜、配置合理的高光效叶系。第一，单茎要保持较多的绿叶数。研究表明，成熟期顶部不少于两片绿叶数，对于夺取高产是十分必要的形态特征（凌启鸿，1991）。根据中国科学院上海植物生理研究所的测定，稻叶的光补偿点约为1000lx，高产群体在生育中后期，基部叶片的受光量不能小于2000lx（殷宏章等，1959）。为使单茎有较多绿叶数，就必须在生育中后期延长茎基部"养根叶"的寿命。第二，群体孕穗期叶面积指数适当。叶面积指数是衡量粳稻群体大小的重要指标。群体叶面积指数受种植密度、肥料用量的影响较大。密肥田粳稻最大叶面积指数为9～10，生物产量高，群体条件恶化，易倒伏；而低肥田和高产田的最大叶面积指数分别为4和7.5。研究表明，叶面积指数与产量呈抛物线，且存在最适叶面积指数（王伯伦，1993；张林青等，2004）。株型理想的品种上部叶片直立，即使叶面积指数较大，但群体光合特性良好，有利于获得较高的生物产量和较大的经济系数，从而获得高产（杨守仁，1980）。第三，抽穗前后叶层配置合理。叶片在粳稻群体光合层的构成上有两大特点，即有效蘖叶和无效蘖叶以及上部三片高效能叶和下部低效能叶。上三叶，特别是剑叶主要为穗部籽粒形成提供光合产物，而下位叶主要为根系提供呼吸所需要的氨基酸和碳水化合物。所以采取一切措施维持粳稻群体后期上中下部叶片的活力，对实现粳稻高产更高产至关重要。但是，对顶三叶的配置存在不同的主张。Matsushima（1976）曾提出上位 3~2 叶要短、厚、直立的理想株型，提倡上三叶应逐渐缩短，若以倒三叶的长度为 100，则倒二叶为 90~95，剑叶长度仅为 60~70，这样的冠层有利于接受更多的光能。但是田中稔深层施肥法却要求上三叶长而挺，尤其是倒二叶和剑叶。杨守仁（1980）认为剑叶过短不利于高产，高产品种剑叶、倒二叶长对结实率无不利影响。以深层施肥法为例，若倒二叶的长度为 100，则剑叶的长度为 80，倒三叶的长度为 70，而倒四叶的长度为 50。形成上部顶三叶配置的差异，主要是由于栽培技术思路的不同。松岛主张以"多穗、小穗"夺取高产，而田中稔等则主张适当控制穗数，以争大穗为主攻方向的栽培途径。第四，叶姿挺拔。根据殷宏章等（1959）研究，粳稻单叶光合作用的光饱和点为 5 万 lx 左右。在大田生长的条件下，晴天中午的自然光强常在 10 万 lx 以上，群体上层叶片受光量大为过剩，而下层叶片却受光不足。因此，培育叶片挺立、开张角度小的株型，能有效地提高群体的光能利用率。叶厚有利于叶片挺立，而且能增加净光合速率，降低叶肉阻力（户苅义次，1979）。

茎秆是稻体的支撑器官和水、矿质元素及同化产物运输的通道，还是光合产物的贮存器官。茎秆一直是近半个世纪人们普遍关注的问题，从矮化育种到理想株型育种，矮秆和半矮秆对粳稻品种的抗倒伏以及经济系数的提高具有重要作用（杨守仁，1980）。但并非植株越矮越好，植株过矮，株型紧凑，叶面积密度大，穴内和株间光照条件恶化（陈温福，1987）。许多研究表明，株高与生物产量呈正相关，植株较高，有利于降低叶面积密度，有利于 CO_2 扩散，提高最适叶面积指数和群体光合速率。孙旭初（1987）研究结果表明，株高在 106cm 以上时，株高要再增加，只能增加草重，而不能增加每穗粒数和谷粒产量；粳稻品种的株高在 105cm 以下时，随着株高的增加，每穗粒数和产量都会增加。关于株高对粳稻生物产量的影响，凌启鸿（1985）根据茎秆对穗部性状的贡献大小，将品种划分为光合作用依存型和蓄积淀粉依存型。研究结果表明，茎秆基部粗度与每穗颖花数呈极显著正相关；茎基粗又与茎内大维管束呈极显著正相关。品种内各个体间大维管束数与一次枝梗数呈直线相关关系，而与每穗颖花数呈指数函数的关系。这样，从茎秆与穗部二者的内在结构联系上首先指明了通过适当减少群体茎蘖数，培育数量少而具有较多维管束数的壮秆，是获取群体高颖花量的有效途径。平均单茎茎鞘重对产量影响较大。也有研究表明，抽穗期单茎茎鞘重越大，叶片比叶重越大，越利于改善叶片直立性，提高群体光合性能。而且单茎茎鞘重越高，成熟期茎鞘干重的相对比率缩小，而穗部干重比率明显增大，经济系数则相对提高。

1.4.2 穗粒结构

粳稻群体由个体组成，只有健壮个体组成的群体才能成为高产群体。群体大小最终体现为单位面积穗数的多少，个体健壮与否体现为单株成穗数和每穗成粒数的多少。研究表明，粳稻群体的穗数与产量之间一般呈抛物线，且存在最适穗数。同时，穗数与每穗成粒数之间一般存在显著的负相关，过分增加穗数容易导致每穗成粒数明显降低，结果产量并不理想。群体与个体协调发展，是粳稻高产群体结构的又一特征（王伯伦，1993）。

粳稻由低产变中产主要限制因素为每亩穗数不足，而中产变高产主要限制因素是每穗颖花数和每穗成粒数不足。实现粳稻高产的主要途径是稳穗增粒或穗粒兼顾。高产更高产应在保持较大穗的基础上，进一步提高成粒率和充实度（张喜成，2011）。

群体结构实际上存在源、库、流三大系统。目前在作物高产研究中，非常重视源-库关系的分析。在对待什么是高光效群体这个问题上，认为要强源、畅流，但对"库"的看法不尽一致。在玉米生产方面，顾慰连（1992）认为，"源"的大小对玉米"库"的建成具有明显的作用，增加同化"源"的供应，有利于"库"潜力的发挥，"库"的建成及其潜力的发挥直接关系到籽粒产量的高低。通过不同栽培措施，深入系统地研究生态条件对玉米"库"的建成和产量的影响，探讨了发挥"库"潜力的有效途径。凌启鸿（1991）认为，"库"不是一个被动的受容系，它对源的能力有促进作用，所以也是高光效群体的必要特征，而且是一个重要的特征，所以必须把扩库和强源、畅流一起列为高光效群体特征来进行探讨。曹显祖等（1987）依据源库特征和籽粒灌浆特性，将江苏省20世纪30~80年代的中籼代表品种分为源限制型、库限制型和源库互作型三种类型。源限制型属异步灌浆的大穗型，库限制型属同步灌浆的穗数型，而源库互作型属于穗粒兼顾型，并提出了相应的高产主攻目标。"粒叶比"也是衡量源库关系协调与否的重要指标（凌启鸿和杨建昌，1986）。"粒叶比"越大，群体产量越高。也有人认为应当适当控制颖花数和叶面积，在这一问题上，有学者提出了"最适颖花数"的概念，但这恰恰表明了产量存在着极限。我们应人为地进行品种改良和栽培技术的改进，不断使源、库关系在更高的水平上协调发展，突破"最适颖花数"这一极限，提高每穗成粒率，才能挖掘出粳稻更高的生产力（凌启鸿，1991）。

长期以来，我国生产上栽培的品种绝大多数为弯穗型，直立穗型的极少，因而对直立穗型的研究更少。自从辽粳5号等直立穗型粳稻品种育成以来，诸多学者对直立穗型品种和弯曲穗型品种进行了比较研究。杨守仁（1980）认为直立穗在生育后期有利于群体通风透光，对光能利用有利，但大多数着粒密度大，易感穗部病虫害。谈松等（1992）在育种实践中发现，直立穗型品系产量有显著高于弯曲穗型品系的趋势，原因是直穗型品种改善了灌浆中后期群体中上部光照条件，对于中下位叶面积较大、穗数较多的群体，直立穗型更有利于发挥中下位叶的光合潜势。徐正进等（1990）根据穗颈弯曲度将粳稻划分为直立、半直立和弯曲三种穗型。认为穗型主要影响群体中上部的光分布。直立穗型群体中上部光照条件好，光的分布比较均匀；半直立和弯曲穗型群体穗位以下的光照条件远不如直立穗型群体；不同穗型群体基部光照强度差异不大；弯曲穗型在一定程度上降低了穗在群体中的相对位置，有利于上层叶的光合作用，因而可能优于半直立穗型。金雪花（2003）等以直立穗型品种辽粳 5 号和弯曲穗型品种丰锦杂交后代来自同一 F_4 单株的 F_5 世代不同穗型植株为试材，从遗传角度分析直立穗性状与其他性状的关系。结果发现穗型基因具有多效性，颈穗弯曲度与株高、穗长、穗颈长、穗颈节间长、倒 2 节间长、叶片长、宽及叶鞘长等性状极显著相关，即直立穗型植株矮、叶片短宽、叶鞘短、穗子短、上部节间短，弯曲穗型则相反。直立穗型与上述性状间可能存在一因多效性，或者直立穗基因与控制上述性状的基因紧密连锁，遗传上具有内在的同步性。在颈穗弯曲度、株高、穗长、穗颈长、穗颈节间长、倒 2 节间长等性状方面，AA 与 Aa 之间表现为极显著差异。由此推断，直立穗型有可能是不完全显性。

第 2 章 粳稻稻米品质形成研究进展

2.1 稻米品质研究概况

2.1.1 稻米的组分及其品质评价

2.1.1.1 稻米的化学组成

稻谷去壳后的糙米由果皮、种皮、胚、胚乳组成。其中果皮占 2%，种皮和糊粉层占 5%，胚芽占 2%~3%，胚乳占 89%~94%。

胚乳为稻米食用的最主要部分，由内含大量复合状球形淀粉粒的薄壁细胞组成。在含水量为 14.0% 的精米中，淀粉占 76.7%~78.4%（糙米为 72% 左右），蛋白质占 6.3%~7.8%，粗脂肪占 0.3%~0.5%，灰分约占 0.3%。淀粉主要在胚乳中，蛋白质和脂肪则主要分布在胚和糊粉层内。

淀粉分为直链淀粉（amylose）和支链淀粉（amylopectin）两类（Hizukuri et al., 1989; Jain et al., 2012），二者均是以葡萄糖为基本单元组成的多糖，以淀粉粒的形态贮藏。直链淀粉为线性大分子，基本不分支，或分支很少，约占淀粉总量的 30%，是以 α-1,4 糖苷键连接的葡萄糖直链聚合体，相对分子质量为 1×10^4~2.5×10^5，有时也有极少的 α-1,6 分支，但每 100 个葡萄糖残基中分支数不到一个。支链淀粉是高度分支的葡萄糖多聚体，由 A 链、B 链和 C 链组成。A 链是最外层的侧链，其还原末端通过 α-1,6 糖苷键与内层的 B 链相连，A 链本身不再分支；而 B 链又和 C 链以 α-1,6 糖苷键相连。C 链是唯一的一条含有还原末端的分支，是支链淀粉分子的主链，每个支链淀粉分子只有一条 C 链。支链淀粉是先由 α-D 葡萄糖通过 α-1,4 糖苷键形成主链，而后由 α-1,6 糖苷键连接的葡萄糖形成支链，相对分子质量为 5×10^4~1×10^8。蒋雅光等（1998）和金丽晨等（2011）研究认为直链淀粉和支链淀粉的含量、相对分子质量、空间结构以及它们的关系是决定稻米食味品质优劣的重要因素。

蛋白质含量居稻米成分第二位，其以蛋白体的形式贮藏在细胞中。其中主要成分是谷蛋白（glutelin），其次为白蛋白（albumin）、球蛋白（globulin）和醇溶性蛋白（prolamine）。蛋白质中含有赖氨酸、苏氨酸、蛋氨酸和色氨酸等 18 种氨基酸，其中赖氨酸含量高达 3.8%，主要存在于谷蛋白之中。谷蛋白和醇溶性蛋白主要分布在胚乳细胞中，而球蛋白和白蛋白则主要分布于糊粉层组织。蛋白质营养价值，取决于各种氨基酸含量及其相互平衡，尤其是8种人体不能合成的必需氨基酸的含量（焦爱霞等，2008）。谷蛋白含有较多的赖氨酸、精氨酸、甘氨酸等人体必需氨基酸，不仅营养价值高，容易消化，且对食味的负效应少。醇溶蛋白中不仅甘氨酸等氨基酸含量低，也会因阻碍淀粉网眼状结构的发展而间接影响食味，且积淀在PB-I内的醇溶蛋白难以被人胃蛋白酶降解，故谷蛋白的营养价值要高于醇溶蛋白（Tanaka et al.，1995）。

脂肪占稻米的2.6%左右，虽然含量很低，但多数为优质不饱和脂肪酸和直链淀粉-脂肪复合物。由于不饱和脂肪酸容易被氧化，易使陈米变质，其在一定程度上影响了米饭的光泽、滋味与适口性（South et al.，1991）。

稻米中还含有多种与气味相关的挥发性物质和钾、镁、钙、锰、锌、铁、铜、磷、硅、氯等无机质。无机质主要存在灰分中。Horino等（1994）和Okamoto（1994）发现糙米中镁、钾的含量与米饭的黏度相关。

2.1.1.2 稻米品质的评价

稻米品质的评价指标具有一定的历史发展性和文化关联性。另外人们的消费习惯不同，稻米的最终用途不同，人们对稻米品质的要求不同。如：在市场上，外观是最重要的品质性状；生产商和加工商强调的是碾米品质；营养学家需要的是营养品质；而消费者要求的主要是食味品质。因此，稻米品质的优劣很大程度上是由人们的偏爱和嗜好所决定的，同样的稻米其评价结果往往与参与评价的人有关。但国内外对食用稻米品质的评价内容还是基本相同的，主要包括以下四个方面（熊振民，1993；朱智伟，1999）。

(1) 碾磨品质：主要包括糙米率、精米率、整米率，依次指稻谷出产糙米、精白米和完整精白米的比率，以百分率表示。国内推广品种的整米率普遍低于国外良种。北方粳稻的三种米率一般均高于南方籼稻，在品质育种方面要求三种米率需分别高出80%、70%和60%，且重点是提高整米率。

(2) 外观品质：包括粒形、垩白与透明度。粒形通常以整米的长宽比来表示，>3.0的为细长形，<2.0的为粗短形，二者之间的为椭圆形或中长形。垩白指稻米籽粒中白色不透明部分，是胚乳的淀粉和蛋白质颗粒积累不够密实造成的。根据垩白在籽粒上发生部位的不同分为腹白、基白、心白和背白等类型，一般是用垩白率、垩白面积和垩白度作为评价垩白的指标。垩白率指米粒中有垩白米粒的比率。我国一级优质稻谷质量标准要求垩白率为0，或小于10%，垩白度小于1.0%；二级垩白率小于20%，垩白度小于3.0%。透明度指整米在电光透视下的晶亮程度。除糯米外，优质籼、粳米要求透明或半透明。

(3) 蒸煮食味品质：是指稻米在蒸煮食用过程中所表现出来的吸水性、溶解性、延伸性、糊化性和膨胀性，以及成米饭后表现的柔软性、黏性和香色味等。

稻米蒸煮食味品质鉴定的最直接和有效方法是用特定的容器，按适当的米水比例及蒸煮时间做成米饭，同时测定有关蒸煮食味的各项理化指标，并由专门人员或较大群体经多次直接品尝鉴定。这种鉴定有方法简单，可以直观品尝评价等优点，但由于鉴定时需要数量大，鉴定效率低，而且又费时费工，一般情况下，只是在稻米生产中或在少数品种简单比较用。科研上由于鉴定的样本个数多和样品数量较少等原因，主要是采取测定与之相关密切的直链淀粉含量（amylose content，AC）、糊化温度（gelatinization temperature，GT）和胶稠度（gel consistency，GC）三项理化指标分析蒸煮食味品质。直链淀粉含量（简记 AC）是指直链淀粉占精米粉干重的百分率。除糯米的 AC<2%外，一般稻米的 AC 变异于 6%～34%，可再分为极低（<9%）、低（9%～20%）、中（20%～25%）和高（>25%）。低 AC 米煮饭胀性小，饭较湿黏而有光泽，高 AC 米煮饭胀性大，饭干松而色淡，冷后质硬；中等 AC 的米饭介于中间，较蓬松而软。直链淀粉含量是人们评价稻米蒸煮食用品质的最重要指标。胶稠度（简记 GC）是指米粒凝胶在平板上的流淌长度，是直链淀粉和支链淀粉分子性质综合作用的反映。一般分三级：胶流长度<40mm 为硬胶，40～60mm 为中胶，>60mm 为软胶。胶稠度软硬与米饭的软硬程度基本对应。软胶稠度的米饭湿润光滑而有弹性，冷却后保持柔软，受消费者欢迎。GC 与 AC 有显著的负相关；但 AC 相同品种的食用品质仍有较大差异，主要由 GC 决定。糊化温度（简记为 GT）是指淀粉粒在加热过程中开始发生不可逆的膨胀、丧失其双折射性和结晶性的临界温度，与米饭蒸煮时需要的温度和时间有关。糊化温度对稻米蒸煮品质起主要作用，高 GT 稻米比低 GT 稻米需要更多的水分和更长的蒸煮时间。不同品种的 GT 一般为 50～80℃。直接测定糊化温度比较麻烦，因此人们多采用碱解法间接测定稻米的糊化温度，二者呈负相关。近年来，也有采用简便易行的 RVA 谱法测定糊化温度。糊化温度低，有利于稻米蒸煮，米质偏软；相反，则米质偏硬。

（4）营养品质：主要指精米的蛋白质含量（protein content，PC）和氨基酸含量。粳稻品种间蛋白质含量差异较大，一般变动范围为 5%～16%，籼米一般比粳米平均高 2%～3%。高 PC 的稻米较硬，呈浅黄色，贮藏过程中容易变质，米饭呈黄褐色，有时还带有令人"厌恶"的气味，显著降低了稻米外观和食用品质。国外优质籼米的 PC 一般在 8%左右，粳米在 6%左右（莫惠栋，1993）。

2.1.2 稻米品质性状的相关性

很多学者研究指出，稻米品质性状存在一定相关性。碾磨品质及外观品质性状之间，糙米率与精米率或整米率，以及精米率与整米率之间均存在显著或极显著的正相关（张云康等，1992；曹萍等，2005）。杨联松等（2001）在分析安徽省农业科学院粳稻研究所育成的17个品种粒形与稻米品质间的相关性认为，粒长、长宽比与糙米率、精米率、整精米率间呈极显著负相关。粒长与长宽比、粒宽与垩白性状之间均呈正相关（马莲菊等，2006）；但李欣等（1987）却认为粒长与粒宽、粒宽与长宽比、长宽比与垩白性状之间都呈负相关。

蒸煮及食味品质性状之间，直链淀粉含量与胶稠度之间呈负相关（刘宜柏等，1990；Kaw，1990），但也有学者认为二者之间无相关（Tomar，1987）；直链淀粉含量与碱消值之间呈显著的负相关（邵高能等，2009）；胶稠度与碱消值之间的相关性在不同研究中的结果相差较大，Tomar等（1987）认为二者呈显著正相关，刘宜柏等（1990）则认为二者之间无明显相关。张小明等（2002）对粳稻米淀粉特性与食味间的相关性分析表明，稻米直链淀粉含量与米饭的香味、黏度和食味综合评价分别达到显著或极显著负相关；米饭硬度与黏度和综合评价呈负相关；味度与米饭香味和硬度无相关，与外观、黏度和综合评价达显著或极显著相关。

营养品质性状之间，相关研究主要集中在蛋白质含量与氨基酸含量之间。蛋白质含量与酪氨酸、精氨酸和亮氨酸含量呈显著正相关，与赖氨酸、蛋氨酸和苏氨酸含量则呈显著负相关。张云康等（1992）则认为蛋白质含量与赖氨酸呈显著的正相关。

碾磨品质与蒸煮食味品质间的相关性研究结论不一致。朱碧岩等（1990）认为直链淀粉含量与碾磨品质有较密切的负相关；张云康等（1992）也认为直链淀粉含量与糙米率、精米率呈显著的负相关，胶稠度与糙米率和精米率呈显著的正相关。Chauhan等（1995）则认为糙米率、精米率和整精米率与直链淀粉含量均呈显著的正相关。

外观品质与蒸煮食味品质间的相关性研究结论也不一致。王建林等（1992）认为粒长、长宽比与直链淀粉含量呈显著正相关，与胶稠度和糊化温度相关不明显；李欣等（1987）认为粒长、粒宽和长宽比与AC、GT和GC之间无显著相关；刘宜柏等（1990）认为粒长和长宽比与糊化温度呈正相关；Sood等（1986）认为粒长与糊化温度呈显著正相关，粒宽与直链淀粉含量呈显著负相关。朱碧岩等（1990）认为直链淀粉含量与垩白大小和垩白米率呈正相关。

2.2 稻米品质形成的生理基础

粳稻籽粒主要是贮藏淀粉的场所，粳稻籽粒的充实过程主要是淀粉的合成与积累过程。源器官通过光合作用制造同化产物，以蔗糖的形式输入库器官，在一系列酶的催化下将蔗糖转化为淀粉。

2.2.1 蔗糖及与其相关的酶

2.2.1.1 蔗糖

蔗糖合成途径：

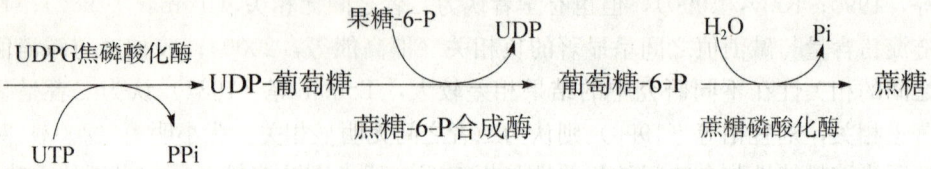

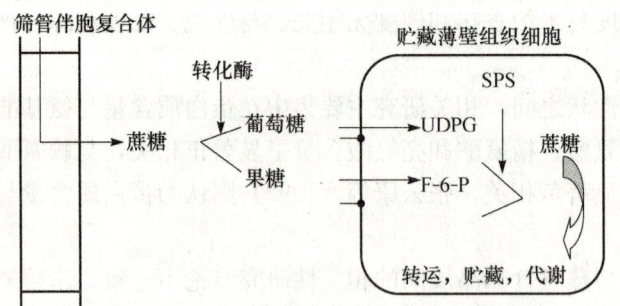

蔗糖由源到库的运输：蔗糖由源到库的运输如图 2-1 所示。

图 2-1 从"源"到"库"的蔗糖转运（Sturm A, et al., 1999）

蔗糖是粳稻光合作用的主要产物，是碳运输的主要形式，也是"库"代谢的主要基质（Hawker et al., 1991；Farrar J et al., 2000）。Koch（1996）提出在植物体内运输的蔗糖具有信号功能，可以使一些基因被诱导，使另一些基因被阻遏。过多的蔗糖在"源"中，导致与光合作用相关的一些基因表达水平降低，在"库"中使与蔗糖水解、植株生长和呼吸相关的基因提高表达水平。糖作为一种信号分子，可能对源库起调控作用，同时也与籽粒糖代谢基因表达有关。

2.2.1.2 与蔗糖代谢相关的酶

蔗糖的代谢和积累，与转化酶、蔗糖合成酶和蔗糖磷酸合成酶密切相关。

1. 转化酶

转化酶（invertase，E.C.3.2.1.26），又称蔗糖酶（β-D-呋喃果糖苷-果糖酶水解酶），是一种水解酶（Doehlert et al., 1988）。转化酶包括酸性转化酶（acidinvertase，AI）、中性转化酶（neutral invertase，NI）和碱性转化酶（Chengappa et al., 1999），但许多报道将中性转化酶和碱性转化酶看做同一种转化酶（张明方等，2002）。

在蔗糖代谢中转化酶催化如下反应：蔗糖＋H_2O ——→ 果糖＋葡萄糖，为细胞的可溶性糖类贮库提供可利用六碳糖，以用于细胞壁、贮藏多糖及果聚糖的生物合成，并通过与呼吸作用偶联的氧化磷酸化产生能量。因此，转化酶与植物组织的生长有密切关系，是衡量同化产物的转化和利用、植物细胞代谢及生长强度的指标。

转化酶可将非还原性糖的蔗糖水解为葡萄糖和果糖。将从粳稻籽粒中提取的酶液与蔗糖溶液保温作用一定时间后，测定产生的还原糖的量来表示转化酶活性的大小。在碱性条件下，还原糖与3,5-二硝基水杨酸共热，3,5-二硝基水杨酸被还原为3-氨基-5-硝基水杨酸（棕红色物质），还原糖则被氧化成糖酸及其他产物。在一定范围内，还原糖的量与棕红色物质着色深浅的程度呈一定的比例关系，在540nm波长下测定棕红色物质的消光值，查对标准曲线可求出样品中还原糖的含量。

2. 蔗糖合成酶

蔗糖合成酶（sucrose synthase，E. C. 2. 4. 1. 13，SS）是存在于细胞质中的可溶性酶，有些不溶性的SS附着在细胞膜上。SS是由分子质量为83～100kDa的亚基构成的四聚体（Huber SC et al.，1996；Tanase K et al.，2000）。

在粳稻发育中SS既可催化蔗糖合成又可催化蔗糖分解，但通常认为SS主要起分解蔗糖作用，为细胞壁提供合成底物和合成淀粉，它的活性在那些合成淀粉或是细胞壁的组织中最高（McCollum TG et al.，1988）。

蔗糖合成酶参与的生理功能主要有调控籽粒输入蔗糖多少和代谢蔗糖的能力；参与细胞构建，如在细胞发育过程中SS提供UDPG构建细胞壁或者合成胼胝质；调节淀粉合成，如SS调控着UDPG的产生，在此过程中UDPG可被焦磷酸化酶转变成1-磷酸葡萄糖，继而转化为合成淀粉的底物ADPG。Sung等根据粳稻胚乳细胞中蔗糖的降解主要由蔗糖合成酶催化，认为蔗糖合成酶活性可作为库强（sink strength）指标之一。李国锋等（2000）研究籽粒库活性与其充实关系，发现在淀粉高速积累时，粳稻胚乳中蔗糖合成酶活性最高，这进一步说明蔗糖合成酶活性与胚乳淀粉积累有密切关系。

蔗糖合成酶作用机理为：

果糖＋UDPG ⇌ 蔗糖＋UDP（蔗糖合成最适pH8.0～9.5，蔗糖裂解最适pH5.5～6.5）

3. 蔗糖磷酸合成酶

蔗糖磷酸合成酶（sucrose phosphate synthase，E. C. 2. 4. 1. 14，SPS）是一种可溶性酶，活性最适pH约为7.0，存在于细胞质中。SPS与转化酶协同控制蔗糖长途运输与库组织蔗糖代谢。

蔗糖磷酸合成酶作用机理为：

UDPG＋6-磷酸果糖 $\rightleftharpoons$ 6-磷酸蔗糖＋UDP

2.2.2 淀粉的生物合成及其关键酶

2.2.2.1 淀粉的分类及性质

淀粉是以葡萄糖为基本单位构成的多糖，其分子结构的特征，可以分为直链淀粉（amy lose）和支链淀粉（amy lopect in）。直链淀粉是以 α-1,4 糖苷键而成的数千个单位长的、极少分支的葡萄糖链状分子；支链淀粉是短的 α-1,4 糖苷键相连的葡萄糖链通过 α-1,6 糖苷键而成的高度分支的葡萄糖聚合物。支链淀粉的相对分子质量比直链淀粉大得多。二者均能溶于水，但前者水溶液不稳定，后者水溶液稳定。直链淀粉易与碘结合，其最大吸收峰在 620nm；支链淀粉不易与碘结合，其最大吸收峰在 554～556nm 处。直链淀粉碘染呈深蓝色，而支链淀粉碘染呈紫色（Anderson JM et al.，1989；Jang and Sheen，1994）。淀粉占粳稻胚乳干重 90% 以上，其中支链淀粉占总淀粉含量的 70%～80%。直链淀粉和支链淀粉的比例、支链淀粉的精细结构能影响米饭的理化特性，是决定稻米品质的重要因素（高振宇等，2004）。

2.2.2.2 库细胞中淀粉的生物合成途径

淀粉的合成和积累发生在种子发育的特定阶段，淀粉的合成是在淀粉体中通过一系列酶反应合成的（Fujita et al.，2011）。粳稻胚乳淀粉的生物合成途径如图 2-2 所示。淀粉的生物合成包括起始、延长、分支和淀粉粒形成四个步骤。其

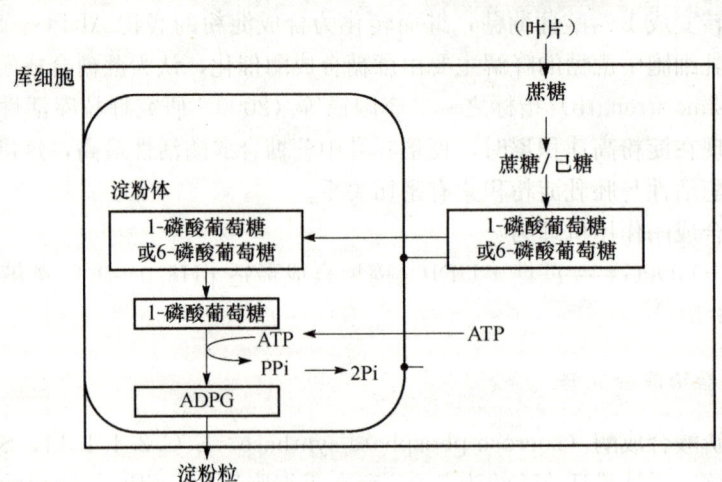

图 2-2 粳稻胚乳淀粉的生物合成途径（Muller-Rober B et al.，1994）

合成原料来自叶片中合成的或淀粉降解产生的蔗糖，通过韧皮部长距离运输至籽粒细胞中。在胞液中，蔗糖在蔗糖合成酶作用下分解为果糖和 UDPG，继而形成 6-磷酸葡萄糖或 1-磷酸葡萄糖。6-磷酸葡萄糖可以在 ADPG 焦磷酸化酶和淀粉合成酶及分支酶作用下合成直链淀粉和支链淀粉。随着灌浆进程，淀粉不断合成。

2.2.2.3 与淀粉合成有关的酶

在淀粉生物合成过程中，ADPG 焦磷酸化酶和可溶性淀粉合成酶的活性变化对淀粉产量的影响较大。淀粉粒结合淀粉合成酶（granule-bound starch synthase，GBSS）与直链淀粉的合成有关（彭佶松等，1997）。

1. ADPG 焦磷酸化酶

ADPG 焦磷酸化酶的作用是将 G-1-P 中的葡萄糖残基转移到 ATP 上生成 ppi 和 ADPG，进而合成淀粉，这是淀粉生物合成的重要调节位点，是淀粉合成过程中的关键酶（Chen et al.，1994；Kawagoe et al.，2005）。ADPG 焦磷酸化酶是一个异源四聚体，由两种不同分子质量的亚基组成。两个小亚基相对分子质量为 50 000~55 000，两个大亚基相对分子质量为 51 000~60 000（Muller-Rober B, et al.，1994）。小亚基序列同源性比大亚基高。大小亚基分别由不同的基因编码。ADPG 焦磷酸化酶在转录水平调节，在粳稻胚乳中，酶与淀粉的积累一致（Anderson JM et al.，1989）。而且存在 1 个以上的 ADPG 焦磷酸化酶的同形体（isoform）（Nakamura Y and Kauaguchi K，1992），是由 1 个以上的基因编码，呈现不同组织专一性的表达（Prioul JL et al.，1994；Weber H et al.，1995）。ADPG 焦磷酸化酶的多种同形体如何调控淀粉的合成，是在细胞中同时表达并协同作用，还是具有细胞特异性表达，目前还不清楚。粳稻中已克隆出 ADPG 焦磷酸化酶的基因。

ADPG 焦磷酸化酶作用机理为：

①

$$ADPG + ppi \xrightarrow{ADPG \text{ 焦磷酸化酶}} ATP + G\text{-}1\text{-}P$$

②

$$G\text{-}1\text{-}P \xrightarrow{\text{磷酸葡萄糖变位酶}} G\text{-}6\text{-}P$$

③

$$G\text{-}6\text{-}P \xrightarrow[\text{6-P-葡萄糖脱氢酶}]{NADP^+ \quad NADPH+H^+} 6\text{-}P\text{-葡萄糖内脂} \xrightarrow[]{H_2O \quad H^+} 6\text{-}P\text{-葡萄糖酸} \xrightarrow[]{NADP^+ \quad NADPH+H^+} 5\text{-}P\text{-核酮糖}$$

6-P-葡萄糖脱氢酶是戊糖途径调控酶，催化不可逆反应，NADPH 反馈抑制酶的活性。反应中生成的 NADPH 由于含有二氢吡啶环，在 340nm 处有一吸收峰。

2. 可溶性淀粉合成酶和淀粉颗粒结合酶

ADPG 生成后，接着在淀粉合成酶的催化下，葡萄糖残基以 α-1,4 糖苷键掺入葡聚糖引物的非还原末端，延长一个葡萄糖单位。根据在淀粉体中存在状态的不同，将淀粉合成酶分为颗粒结合淀粉合成酶（granule-bound starch synthase，GBSS）和可溶性淀粉合成酶（soluble starch synthase，SSS）（MuForster C et al.，1996）。可溶性淀粉合成酶能将 ADPG 的葡萄糖基转移至 α-1,4-葡聚糖链的非还原性末端，主要存在于质体的基质中，与分支酶一起合成支链淀粉。可溶性淀粉合成酶分为两类：SSSI 和 SSSII。SSSI 不需要引物，在体外即能合成淀粉，而 SSSII 需要葡聚糖引物（Dian et al.，2005）。Keeling 等（1993）对温度影响可溶性合成酶活性的研究表明，此酶的最适温度为 20～25℃，温度升高，酶活性降低。这种现象 Keeling 称之为"knock-down"，而温度适当升高，其他与淀粉合成过程有关的酶，如 ADPG 焦磷酸化酶、UDPG 焦磷酸化酶、己糖激酶等，活性则上升，造成整个淀粉合成过程酶的不连续性。"knock-down"现象只在可溶性淀粉合成酶中存在，因此可溶性淀粉合成酶是淀粉合成的温度调节位点。但程方民等（2001）通过对 ADPG 焦磷酸化酶、可溶性淀粉合成酶与淀粉分支酶在不同温度下的测定分析，发现 ADPG 焦磷酸化酶的活性在不同温度下表现较为稳定，而可溶性淀粉合成酶在不同温度下其活性变化幅度远不及淀粉分支酶明显，淀粉分支酶的活性差异较大。

颗粒结合淀粉合成酶是与直链淀粉合成直接有关的酶。常提到的 Waxy 蛋白是禾谷类植物中的 GBSS 酶。研究表明，当植物体内缺乏 GBSS 酶蛋白，合成淀粉中缺乏直链；利用反义 RNA 技术特异地抑制 GBSS 酶基因的表达，降低其活性，则导致直链淀粉含量下降（Denyer K et al.，1993）。在粳稻中已得到 GBSS 基因，且已确定基因序列。王宗阳等发现粳稻含有 13 个内含子和 14 个外显子。外显子极其相近的核酸序列存在高度的同源性，内含子大小差异大，且序列同源性也较低。粳稻第 1 个内含子与 GBSS 的转录后调控有关。

可溶性淀粉合成酶作用机理为：

①

$$ADPG + 葡萄糖 \xrightarrow{可溶性淀粉合成酶} ADP + (葡萄糖)_{n+1}$$

②

$$PEP + ADP \xrightleftharpoons[丙酮酸激酶]{Mg^{2+}、K^+} 烯醇式丙酮酸 + ATP$$

这是一个底物水平的磷酸化反应,经丙酮酸激酶催化,将 PEP 上的高能磷酸键移到 ADP 上,形成 ATP 和烯醇式丙酮酸。在 pH7.0 时,烯醇式丙酮酸重新排成丙酮酸,这一反应不需要酶。

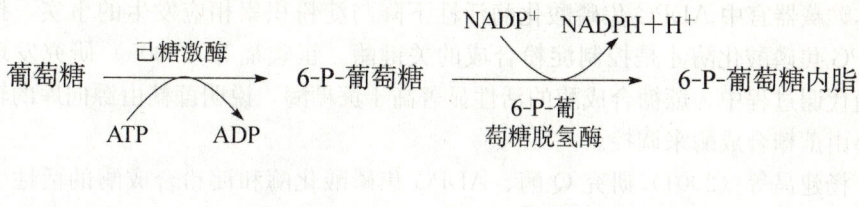

3. 淀粉分支酶

淀粉分支酶(starch branching enzyme,SBE)又称 Q 酶。淀粉分支酶(SBE)是直接参与淀粉生物合成的 5 类酶中的 1 类关键酶(姚新灵等,2005)。在淀粉合成过程中,淀粉分支酶具有双重作用,一是能切开直链淀粉和支链淀粉直链区中 α-1,4 糖苷键,二是它又能把切下来的短链通过 α-1,6 糖苷键连接于链上,从而形成分支的糖链(Kubo et al.,1999)。在粳稻的贮藏器官中已经发现了淀粉分支酶的多个同形体——同工型 A 和同工型 B,二者受不同位点的遗传控制。从转移糖链的长度来看,同工型 A 优先转移短的糖链(小于 14 个葡萄糖单位,而同工型 B 优先转移较长的糖链(大于 14 个葡萄糖单位)。Pan 等认为正是由于同工型淀粉分支酶在结构和功能上的差异而最终决定支链淀粉的结构。但关于决定支链淀粉的分支结构的机理还不清楚,不过肯定与分支酶有关。原因有两种可能:①分支酶与脱支酶(debranching enzyme)之间活性的平衡关系决定支链淀粉的结构;②由分支酶同形体的特性决定支链淀粉的结构(Smith AM et al.,1995)。李太贵等(1997)研究,认为 Q 酶减少,低温和高温下胚消耗加强,都可形成垩白。而且,淀粉分支酶的变化动态与支链淀粉聚合度,链的长度,链数有关,这些结构与稻米食味品质紧密相关。

2.2.3 稻米品质形成过程中关键酶及其活性的动态变化研究

发育胚乳中淀粉的生物合成及其积累直接关系到稻米的品质。Nakamura 等(1989)对粳稻胚乳中与淀粉合成有关的 18 种酶活性的测定结果指出,ADPG 焦磷酸化酶和 Q 酶是控制淀粉合成的关键酶。潘晓华等(1999)认为,蔗糖合成酶,ADPG 焦磷酸化酶、Q 酶和淀粉合成酶是稻米品质形成的关键酶。梁建生等（1994）认为，ADPG 焦磷酸化酶和淀粉合成酶是关键酶。Keeling 等（1993）认为，可溶性淀粉合成酶才是控制淀粉合成的关键酶。Smith 等（1995）认为 ADPG 焦磷酸化酶在体内催化淀粉合成过程中的不可逆反应，以及一些突变体贮藏器官中 ADPG 焦磷酸化酶活性下降与淀粉积累相应发生的事实，指出 ADPG 焦磷酸化酶才是控制淀粉合成的关键酶。崔鑫福等（2005）研究发现在蔗糖代谢过程中，蔗糖合成酶的活性显著高于蔗糖酶，说明蔗糖由源向库的输入主要由蔗糖合成酶来调控。

杨建昌等（2001）研究 Q 酶、ADPG 焦磷酸化酶和淀粉合成酶的活性变化与灌浆速率、粒重和谷粒充实率的相关值的大小，发现灌浆前期、灌浆期的平均酶活性及酶的最大活性，在总体上以 Q 酶的相关值最大，ADPG 焦磷酸化酶，淀粉合成酶的相关值各有高低，但大多均低于 Q 酶。潘晓华等（1999）认为 Q 酶、ADPG 焦磷酸化酶、淀粉合成酶和蔗糖合成酶与灌浆速率均达极显著相关水平，相关系数值 ADPG 焦磷酸化酶、淀粉合成酶＞蔗糖合成酶＞Q 酶。

2.2.4 胚乳淀粉积累与稻米品质的关系

长户一雄（1941）研究认为淀粉内存在一种称为原体的淀粉母体物质，由它提供淀粉合成材料，在酶的作用下，由母体表面合成后沉淀而形成淀粉。朱庆森等（1988）认为在胚乳细胞分化期，胚乳淀粉细胞产生了小的淀粉粒，随着胚乳淀粉细胞的发育，淀粉粒急剧增多。淀粉积累是先从米粒的中心部分开始，再向米粒的四周扩展。梁建生等（1994）认为强、弱势粒淀粉积累与其胚乳细胞的数目密切相关，二者表现同步性。吕洪飞等（1998）认为细胞积累淀粉多时没有垩白，积累淀粉少时便产生垩白。长户一雄（1959）发现米粒的增重过程与稻米质地的软硬有关系。瞿波等研究表明，非裸露型胚乳细胞内淀粉粒均为大小一致的棱角多面体，几个或多个淀粉粒紧密结合再组成复合淀粉粒，但单个淀粉粒的排列状态等在不同米质稻米中存在差异，粒径较小的米质较好，复合淀粉粒间有蛋白颗粒等填充，没有空隙；中间型胚乳细胞内的淀粉粒也为多面体，但各面均有较深的凹陷，此米质较劣；裸露型胚乳细胞内的淀粉粒多为球形，大小不一，多个球形淀粉粒结合在一起形成一个大的近球形复合淀粉粒，单个及复合淀粉粒间的结合，留有较大的空隙。梁敬昆（1996）发现籼稻或籼型杂交稻优质米品种单粒淀粉粒多呈多面体晶状，棱角明显，排列整齐紧密，普通稻种单粒淀粉多面体的棱角不明显，个别淀粉粒近圆形，排列疏松，有明显的间隙；垩白粒中的垩白部分与透明部分淀粉粒排列也存在明显差异。沈波等（2000）认为形成垩白是由于复合淀粉粒呈圆形，淀粉粒排列疏松，颗粒间充气，光线折射所致。

2.3 粳稻灌浆特性与稻米品质关系

粳稻灌浆特性最终决定稻米品质。强势粒与弱势粒由于着生位置不同,其灌浆能力不同,因此在品质上存在一定差异。吕文彦等(2001)研究认为在精米率、整米率、垩白率、直链淀粉含量、胶稠度性状上强势粒高于弱势粒。在垩白面积、糊化温度性状上,强势粒小于弱势粒。王丰和程方民(2004)研究认为强势粒与弱势粒比,外观品质上,强势粒有较大的粒长、粒宽和长宽比,且垩白率和垩白度高;蒸煮食味品质中,直链淀粉含量、糊化温度强势粒高于弱势粒;营养品质方面,先开花的籽粒蛋白质含量低,且一次枝梗上的籽粒低于二次枝梗上的籽粒。赵步洪等(2004)按籽粒着生位置分析稻米品质,认为整精米率上>中>下,胶稠度上>中>下,垩白度大小为下>中>上。穗上一次枝梗的整精米率、胶稠度均高于二次枝梗,但垩白度相反。不同穗型品种粒位间也存在差异,朱海江等(2004)研究认为直立穗型品种直链淀粉含量的粒间品质性状差异大于弯曲穗型品种,着生在穗顶部一次枝梗籽粒较高,着生在穗基部特别是穗基部二次枝梗的籽粒较低。张小明等(2002)研究发现精白度每提高10%,直链淀粉含量提高1%,且米粒胚乳表层的直链淀粉含量较低,心部的直链淀粉含量却较高。但也有学者持不同观点(董明辉等,2006),认为直链淀粉含量、胶稠度在穗上的差异与颖花开花时间顺序没有必然联系,蒸煮食味品质方面着生在穗下部一二次枝梗的、胶稠度低、直链淀粉含量高,穗中、上部一二次枝梗的胶稠度较高,直链淀粉含量低。

陶龙兴等(2006)研究认为疏籽限库可以提高稻米品质,剪叶限源却相反。赵步洪等(2004)认为在灌浆前期淀粉合成酶活性与直链淀粉含量呈显著正相关,与胶稠度和 ASV 呈显著负相关;在灌浆中期和后期,淀粉合成酶活性与 AC 呈显著负相关,与胶稠度和 ASV 呈显著正相关。众多研究者认为千粒重过高易导致垩白率和垩白度增大。但聂呈荣等(2001)却认为垩白率与生产力呈正相关,粒型与成穗率之间、垩白率与千粒重之间呈负相关。吕文彦等(2001)研究认为胶稠度与籽粒密度呈显著负相关,直链淀粉含量与单株产量呈正相关,但未达到显著水平。也有学者(聂呈荣等,2001)研究认为直链淀粉含量与穗长、单株生产力之间呈负相关;蛋白质含量与单株生产力也呈负相关。由此可见,灌浆前期的籽粒干物质积累速度是影响稻米品质的关键因素。

第3章 高产粳稻群体调控技术

决定粳稻产量的三个主要因素是品种、环境条件和栽培技术。这三个因素相互联系，相互制约，缺一不可。在栽培与育种的关系上，栽培和育种相辅相成。栽培技术的作用本质是调节作物生长发育与环境的矛盾。

3.1 粳稻栽培技术对产量的影响

3.1.1 粳稻种植方式发展趋势

密植是我国农业上争论最多的问题之一，生产上经历了数次稀密的反复。通过群体生理的研究，明确了群体发展的自动调节，群体叶面积指数的适宜动态，群体发展与个体发展的辩证统一，及密植对水、肥、土、光条件的依存关系等，从理论上认识了合理密植的原则，才使得密植问题得以解决。20世纪70年代以前，粳稻种植方式多采用密植，如10cm×10cm的均匀种植方式和20cm×10cm的不均匀种植方式。从密植转向稀植始于浙江的蒋彭炎等（1980）提出"稀少平"栽培法和江苏的凌启鸿等提出的"小壮高"栽培法，提倡每公顷45万~60万穴，每穴插秧2~3棵，每公顷96万~120万基本苗的稀植栽培。80年代，随着生物数学和计算机技术的普及，对粳稻定量研究日益增多，粳稻模式化栽培盛行一时（夏书奥等，1989），对高产粳稻群体种植密度有科学合理的要求。从我国目前推广的插植方式看，要求进一步稀植，主要是减少每亩穴数。从产量出发，减穴的依据应该是减穴不减穗；或者减穗增粒，而增粒的效应应当超过或相当于减穗的效应。

90年代，因粳稻具有边际效应和自动调节能力，有些地区粳稻种植方式向宽窄行（大垅双行）方向发展，认为弯曲穗型品种一般为（40+30）cm×15cm（白恩波等，1993）。宽窄行栽培主要利用边际效应增产，使粳稻群体在生育后期中、下部叶片保持活熟，增强根系活力，促进灌浆结实。我们的研究认为直立穗型品种栽培方式一般为（40+20）cm×（13~15）cm。为了与"两高一优"农业接轨，北方稻区大搞超稀植栽培，插秧行、穴距为40cm×20cm。产量上不但有增无减，而且工省效宏，本少利多。抛秧栽培属于轻简型粳稻栽培的一种，在生产上有较大面积应用，具有发根力强，分蘖早而数量多，穗数适宜，比手插功效高，节省秧苗等优点（杨庚，1994；北京农业技术推广站，1996）。但也存在缺点，如基本苗难于达到合理水平，穗型大小差异大，平均粒数不足等，受地区条件限制较大。钵盘育秧手摆秧集抛秧和手插秧的优点，将会在粳稻生产上有广泛应用，但技术措施还需要深入研究和逐步完善。

3.1.2 氮肥施用技术现状

粳稻促控是我国稻作经验的精华。杨守仁（1980）对粳稻促控有辩证的论述。20世纪50年代以农肥为主，化肥仅用于苗田；60年代农化肥并举，在施肥方法上采用将稻株"轰"起来的"大头肥"。"大头肥"施肥法是以施分蘖肥为主的一种施肥体系，强调重施蘖肥，后期不再施肥。这种施肥法容易使粳稻发生倒伏、发病和早衰，从而限制了产量的进一步增长。70年代，化肥逐渐增多，在施肥方法上采用"前重、中控、后巧"施肥技术，此技术主要以施蘖肥为主，并开始使用穗肥，但不超过总肥量的20%。进入80年代，化肥占主导地位，随着日本松岛省三的"V"字形施肥方法的引入和受南方"稀少平"栽培方法施肥技术的影响，北方寒地稻区推行施蘖肥为主，结合施用穗、粒肥，生产上采用两种施肥方法，一种是基肥、蘖肥、穗肥、粒肥比例为4:3:2:1。另一种是基肥、蘖肥、穗肥比例为4:4:2。进入90年代，南北各稻区新的施肥技术不断出现，如南方的"小壮高"施肥法、"三高一稳"施肥法（蒋彭炎等，1992）、"W"字施肥法、"两促"施肥法等（凌启鸿等，1985）。北方近年来采用旱育稀植栽培技术以来，主要推行两种施肥方法，一种是氮肥采用底、蘖、补、穗、粒五次均匀施肥法；另一种是前轻后重施肥法，即"前控、中足、后保"的平稳促进的施肥原则，以利于达到培育壮秆，保证大穗的目的，一般分六次施用（曹静明，1993）。近年来，日本出现了"Λ"字施肥方法，即不施底肥和蘖肥，将化肥在抽穗前40～42天一次施入，后期酌情增施穗肥或粒肥。在我国的北方稻区出现了为适应超稀植的氮肥施用技术，即不施蘖肥而施用补肥，可以达到促进前期苗早生快发，控制无效分蘖，增大穗，促成粒的作用（王成瑷等，1994）。在对米质的影响方面，过多施用氮素，特别是灌浆期间氮素过多，会使米的蛋白质含量提高，从而导致米的食味品质变坏。基肥和蘖肥对米质影响不大，但粒肥却能增加蛋白质含量（钱前等，1998；王德仁等，2001）。

实践证明，化肥对我国农业的增产起着十分重要的作用。但化肥投入在生产成本中的比例逐年增加。显然，单纯依靠增加化肥投入以实现粮食增产的总目标，不仅难度大，而且会面临资源、环境和效益等多方面的挑战。在氮肥施用技术中，最复杂和最困难的当属施肥方法，因为粳稻生产中面临的是诸多品种，变幻不定的气候条件，肥力水平和供肥能力各异的土壤，以及多种多样的耕作制度，可以说，目前尚没有一个放之各区而皆准的施肥模式。随着粳稻品种的不断更新换代，粳稻氮素营养特点也在不断变化。前人的研究表明，高秆粳稻品种对氮肥的反应较矮秆品种敏感，籼稻又较粳稻敏感，杂交粳稻对氮肥反应比常规稻品种敏感（陆定志，1984）。在低中氮条件下，杂交稻的产量明显高于常规稻，生产千斤稻谷杂交稻比常规稻品种需要较少的氮（Lin SC and Yuan LP，1980；杨肖娥和孙羲，1998）。周毓珩（1981）研究了粳稻品种对肥力的适应性与株型的关系，结果表明，株高与穗数的乘积在低肥条件下与产量呈正相关，而在高肥条件下呈极显著负相关；株高在低肥条件下与产量呈正相关，在高肥条件下与产量呈负相关；对低肥的适应性是：高秆大穗多穗型＞高秆大穗型＞多穗型＞矮秆大穗型。与此相反，对高肥的适应性是：矮秆大穗型＞多穗型＞高秆大穗型＞高秆大穗多穗型。多穗型品种在高肥和低肥条件下都表现了较好的适应性。杨肖娥和孙羲（1998）在低氮（中度缺乏）和高氮（丰足）条件下，选用对氮肥反应不同的四个品种和杂交稻，进行低氮反应差异及机制的研究。结果表明，地上部干物质生长量和稻谷产量杂交稻和常规稻差异最大，低氮条件下的差异又比高氮条件下的明显。在低氮条件下，产量较高的品种吸收利用土壤中氮素能力较强，其相关的生物学特征为：根系发达，根对 NH_4^+ 的亲和力较大；地上部干物质生产量和功能叶氮、碳同化代谢关键酶，即硝酸还原酶、谷氨酸合成酶，RUBP 羧化酶的活力均较高。过去粳稻品种抗倒性较差，氮肥施用过量就会发生倒伏。现代粳稻品种由于植株矮化，抗倒性增强。

3.2 植物生长调节剂和生物制剂在粳稻生产中的应用

3.2.1 植物生长调节剂

广泛应用植物生长调节剂（plant growth regulator，PGR）调控作物生长发育来提高作物产量，是现代农业的一大特点。一般而言，植物生长调节剂包括促进型和抑制型两种。GA_3、IAA 和 BR-120 等属于促进型，具有促进细胞分裂和伸长，提高结实率和座果率等优点；PP_{333}、B_9 等属于抑制型，能有效抑制植株徒长，但能促进根的生长，培育壮秧，移入大田后增穗作用明显。GA_3、BR-120 和 PP_{333} 在生产上已有广泛应用（李纪柏和张重善，1997；Jin et al.，2002；赵光英和屠乃美，2012）。

3.2.2 生物制剂

20 世纪 70 年代以来，国际上纷纷研究促进植物生长的根细菌，即从植物根围寻找益菌，利用益菌控制植物生长发育和控制病害。如美国的 Suslow 等从甜菜根上分裂到的假单胞杆菌（*Pseudomonas*），能增加甜菜的根量和含糖量，增加马铃薯和萝卜的出产量。陈延熙教授研制成的"增产菌"（芽孢杆菌类）的菌剂在生产上大面积应用（陈延熙等，1985）。颜思齐等探索利用有益微生物促进作物生长和控制病害问题，并从稻体上分离筛选出一株蜡质芽孢杆菌（*Bacillus cereus* R2）"粳稻丰收菌"，此菌具有促生、抗病等作用（颜思齐等，1992）。Bu等（2012）从碱蓬中分离出一株真菌——EF0801，能够增强粳稻抗碱性，以及抵抗重金属铅胁迫（Li et al.，2012）。

有效微生物群（EM，effective micro-organisms）是日本琉球大学的比嘉照夫教授采用独特的工艺研制成一种复合微生物制品。有效微生物群由10个属80余种有益微生物组成，其代表性微生物主要有乳酸菌、酵母菌、放线菌和光合细菌。此菌最大的特点是多功能、高效、低成本、无毒、无污染。EM制品最早只是作为土壤改良剂应用，现在已广泛应用于种植业，具有明显的加速土壤有机物的分解和转化，提高土壤速效养分含量、增加产量、改善品质和防病抗病的效果（王术，1999；Kwizera et al.，2010）。崔钦等（1997）在玉米上用500倍和1000倍EM稀释液浸种8~12h，可增产11.7%~17.7%。王鹏文等的研究表明，春玉米开花期喷洒800倍液EM稀释液，不同施肥水平下，最高增产幅度达20.1%，其原因在于增加了叶片叶绿素含量，提高了比叶重。小麦浸种后于不同生育时期再喷施EM，可提高千粒重（吴留松和李振高，1995）。王振忠等（1996）在大豆种植中施用EM发酵的猪粪，结果大豆产量增加了11.4%，而且土壤肥力和理化性状均有了很大改善。苏正淑等在小麦抽穗末期和灌浆初期喷洒500倍液EM，结果提高了叶片保水率，减少了干旱下的叶绿素分解，显著提高了灌浆期旗叶光合作用速率和小麦籽粒产量，表现了明显的抗旱性。岳寿松（1997）在大豆和小麦上喷施EM结果表明，EM对小麦和大豆均有明显的增产作用。任大明进行了玉米EM浸种和喷施研究，结果提高了玉米种子的发芽率，提高了玉米的抗旱性。王允兰等（1996）在萝卜和白菜生育期间相隔14天连续喷施500~1000倍EM稀释液2次，结果与喷洒清水相比，萝卜增产43.2%，大白菜增产10.9%~16.7%。有效微生物群技术及产品已在60余个国家和地区的种植业、养殖业和环境保护等领域广泛推广应用，有必要进行粳稻应用EM的研究。

第二篇　粳稻生理与产量形成

第4章 不同穗型粳稻品种抽穗后物质生产与灌浆特性的比较研究

穗型是株型的重要组成部分，对穗型的研究是近年来随着稻作科学的进步和粳稻生产的发展而发展起来的，是粳稻理想株型研究的一项重要内容。

4.1 材料与方法

供试材料为不同穗型粳稻品种（品系、组合）19个（表4-1）。

田间按不同穗型间隔排列，分每穴单本插和3本插两区。每小区2m行长，7行区，小区面积4.2m^2，行株距为30cm×13.3cm。本田每亩施氮18.77kg，P_2O_5 3.37kg，栽培管理同生产田。

在抽穗期选取有代表性的不同穗型品种各5个，每一品种选长势一致、同一天抽穗的单茎100个，挂牌标记，并在齐穗期按穗子大小和茎秆粗细、高矮复核一次，以保证所选穗子具有可比性。在做标记的5对品种中，选取3对不同穗型品种，从齐穗期开始，每隔7天，取生育中等植株3穴，测定干物质积累与分配、叶绿素含量、叶面积等，计算出比叶重、群体生长率及净同化率等指标。同时取10株标记单茎，测定单茎的物质分配和穗子上、中、下部的1、2级枝梗籽粒的灌浆情况。从剩下的2对不同穗型品种中选取已标记的单茎，按剪掉全株所有叶片叶长的1/2作为剪叶处理，以相间去掉半数1次枝梗作为疏花处理，以正常标记单茎作为对照，每隔7天测定穗子上、中、下部各级枝梗籽粒灌浆情况以及单茎的物质分配。所有品种在成熟期统一考种，考察穗部性状和干物质分配情况。

同样，在抽穗期于1苗区选取长势良好的不同穗型品种各2个，选择长势一致、同一天抽穗的单茎70个，挂牌标记，并于齐穗期复核一次。复核后在各品种标记单茎中，分别选择40个单茎，将其中30个去掉全部叶片，并平均分成3组，第1组进行茎秆遮光处理，第2组进行穗遮光处理，第3组不遮光，作为前2组的对照。同时以未去叶片的10个单茎作为去叶处理的对照。成熟期测定各处理单茎的籽粒产量及单茎物质分配情况。

以上形态、生理指标的调查和测定主要参照张宪政（1992）主编的《作物生理研究法》和张龙步和董克（1993）主编的《粳稻田间试验方法和测定技术》。

表 4-1　供试材料

品种（包括品系、组合）	穗型	生育期/d	株高/cm	来源
沈农 159	直	157	95	沈阳农业大学
沈糯 87	弯	160	90	沈阳市农业科学院
沈农 515	直	155	97	沈阳农业大学
辽粳 5	直	156	90	沈阳市浑河农场
沈农 91-51	弯	160	90	沈阳农业大学
辽粳 326	直	160	105	辽宁省粳稻所
铁粳 4	弯	158	96	铁岭市农科所
辽粳 244	直	153	95	辽宁省粳稻所
辽开 79	弯	156	100	开原市农科所
辽粳 294	直	158	96	辽宁省粳稻所
沈农 90-17	弯	152	93	沈阳农业大学
辽粳 454	直	156	98	辽宁省粳稻所
沈农 129	弯	152	100	沈阳农业大学
沈农 635	直	160	98	沈阳农业大学
辽盐 241	弯	153	95	辽宁省盐碱地所
沈农 611	直	161	95	沈阳农业大学
奥羽 316	弯	160	105	日本
沈农 91	直	165	98	沈阳农业大学
笹锦 A/8142	弯	160	110	辽宁省粳稻所

4.2　结果与分析

4.2.1　不同穗型品种的产量比较

将所有供试品种按直立穗型和弯曲穗型分成 2 组，考察不同穗型品种的产量及其构成因素（表 4-2）。

从表 4-2 可以看出，直立穗品种和弯曲穗品种的亩产相差不大，前者略高于后者，但变异幅度较大。从实测结果看，在所有的供试品种中，产量最高的两品种是辽粳 244（3 苗）和沈农 635（3 苗），产量分别为 610.77kg/亩和 605.84kg/亩；产量最低的两品种是沈农 91（3 苗）和沈农 611（1 苗），产量分别为 440.90kg/亩和 440.80kg/亩。这 4 个品种都是直立穗品种，表明直立穗品种间产量变幅确实较大。

表 4-2 不同穗型品种的产量及其构成因素

产量及其构成因素		直立穗型	弯曲穗型
每亩穗数/万穗	$\bar{X}$	25.00	26.26
	S	4.79	4.68
	C.V.(%)	19.16	17.82
每穗颖花数/粒	$\bar{X}$	101.42	101.25
	S	17.85	13.01
	C.V.(%)	17.60	12.89
结实率/%	$\bar{X}$	91.14	83.68
	S	4.48	7.43
	C.V.(%)	4.91	8.88
每穗实粒数/粒	$\bar{X}$	92.37	83.44
	S	16.70	12.82
	C.V.(%)	18.08	15.40
千粒重/g	$\bar{X}$	22.74	23.78
	S	1.24	2.10
	C.V.(%)	5.45	8.84
生物产量/(kg/亩)	$\bar{X}$	1091.40	1033.91
	S	117.14	78.28
	C.V.(%)	10.73	7.57
经济系数	$\bar{X}$	0.47	0.49
	S	0.03	0.03
	C.V.(%)	5.41	5.78
经济产量/(kg/亩)	$\bar{X}$	509.86	507.87
	S	53.52	39.99
	C.V.(%)	10.50	7.87

注：表中直立穗为 20 个小区的平均结果，弯曲穗为 18 个小区的平均结果；$\bar{X}$ 为平均值，S 为标准差，C.V. 为变异系数

为了比较不同穗型品种在相同条件下物质生产特性，移栽时所有品种都选择了同样的株行距。因此，最终穗数水平主要是由品种的分蘖力决定的。试验中平均穗数水平在 25.55 万穗/亩，其中弯曲穗品种平均穗数水平为 26.26 万穗/亩，直立穗品种平均为 25 万穗/亩。说明在相同条件下，直立穗品种的平均分蘖能力低于弯曲穗品种，这和以往的研究结果一致（杨守仁，1980）。由于每亩穗数是影响产量的重要的因素之一，因此分蘖能力差的直立穗品种要想获得高产，就应考虑适当增大密度，获取较高的穗数水平。本试验中某些直立穗品种穗数水平低是导致其产量低于实际生产水平的主要原因。

从穗粒数指标的比较上看出，不同穗型品种平均每穗总颖花数差别不大，但由于结实率相差较大，导致每穗实粒数也相差很大。直立穗品种每穗总颖花数只

比弯曲穗品种多 0.17%，结实率却比其高 8.91%，所以最终每穗实粒数比弯曲穗品种多 10.7%。从表 4-2 可以看出，直立穗品种结实率的变异幅度远低于弯曲穗品种，说明虽然直立穗品种每穗总颖花数变化较大，但其结实率变化并不大。由此可见，育成穗大但结实性仍然较好的直立穗品种是可能的。

从千粒重的比较看，两种穗型品种的千粒重都远远低于实际生产水平。这可能与试验中低温以及水、肥条件较差有关，也可能与考种时未采用水选有关。但由于条件一致，此指标仍可说明问题。一般情况下，生产中的弯曲穗品种千粒重较高，而直立穗品种一般较低，本试验结果也符合这一规律。提高栽培品种的千粒重也是提高产量潜力的重要途径，特别是在穗数水平和穗粒数水平都很高的情况下更是如此（杨守仁，1980；蒋彭炎等，1987）。近年来选育的直立穗品种大部分都考虑了这一点，从而克服了早期直立穗品种千粒重偏低的缺点。如辽粳 326 的千粒重可达 27g，在产量潜力的提高中，千粒重的提高也起到了很大作用。本试验条件下，千粒重普遍偏低，但仍有 600kg/亩的高产出现。如果能将千粒重提高 2g，达到实际生产中的水平，则产量可以提高将近 10%。

随着生产和科研的发展，许多人认识到，生物产量偏低是限制经济产量进一步提高的重要原因（杨守仁，1980；谈松，1992）。试验中直立穗品种的生物产量高于弯曲穗品种，说明直立穗品种符合高产品种发展的方向。比较两种穗型品种的经济系数发现，以弯曲穗品种相对较高，接近 0.5 的水平；直立穗品种较低，只达到 0.47，实际生产中也是如此。直立穗品种生物产量高而经济系数偏低，说明直立穗品种在生育期间合成的光合产物最后形成产量时滞留在茎叶中的比例偏高，而转移到经济产量中的比例偏低，这是直立穗品种物质生产能力强但经济转移率低的实际表现。因此，如果能提高直立穗品种的经济系数，其产量水平也会相应提高。

4.2.2 不同穗型品种抽穗后物质生产与分配的比较

直立穗品种（品系）辽粳 326、辽粳 5、沈农 515 和弯曲穗品种（组合）奥羽 316、沈农 129、杂交稻筌锦 A/8142 作为测定抽穗后干物质生产与分配和灌浆速度的材料。由于生育期、株高、株形等差异较大，因此上述材料中辽粳 5、沈农 515、沈农 129 和杂交稻只作参考，而选择生育期、株高、株形等都很相似的辽粳 326 和奥羽 316 作为直立穗和弯曲穗品种的代表。

4.2.2.1 两品种抽穗后物质生产特性的比较

粳稻开花、授粉后，籽粒即开始灌浆。先是经历一个短暂的缓慢增重期，之后便迅速增重。在开花后 10～15 天，籽粒重即可达到成熟时粒重的 2/3 以上。这时，弯曲穗品种由于穗重的迅速增加，穗子由最初的直立状态逐渐变得弯垂。

而直立穗品种由于本身的特性，穗子仍能继续保持直立。本试验中，奥羽316在第3到第4次测定期间（开花后15～22天）穗子逐渐弯垂，因此将第4次测定作为灌浆中期，将整个灌浆期大致分成前、后两个阶段。在灌浆前期，两品种的穗子都是直立的。灌浆后期，奥羽316穗子变弯，遮光作用增强，影响了群体的光照状况；而辽粳326由于穗子仍保持直立，因群体光照并无多大改变。

从图4-1可以看出，齐穗期辽粳326和奥羽316的干物质积累非常接近。齐穗期以后，两品种的穗重和总干重都迅速增加。不同之处在于，灌浆前期，奥羽316的穗重和总干重增加得较快，中期以后增重则变得缓慢；而辽粳326虽然灌浆前期穗重与总干重的增加比奥羽316稍慢，但灌浆后期增重速度仍然较高，曲线并没有像奥羽316那样明显地平缓下来。整个灌浆期，两品种茎、叶干重的变化趋势比较一致，绿叶干重都是呈下降趋势。茎干重在灌浆前期有一个积累增加的阶段，之后也逐渐降低。到灌浆末期，两品种的茎、叶干重都有所回升，其中以辽粳326回升得更明显。分析产生这种"回升"现象的原因，可能是由于到灌浆末期，作为主要"库"器官的籽粒已经基本完成了灌浆，其吸纳同化物质的能力变得很小，所以后期的光合产物又在一定程度上向茎、叶中积累。

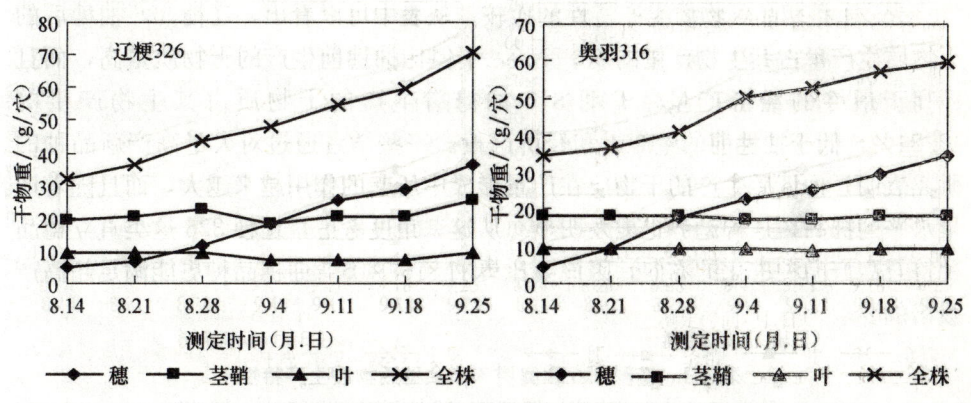

图4-1　辽粳326和奥羽316灌浆期间物质生产与分配动态

从图4-1看出，辽粳326灌浆后期穗重和总干重仍然保持较高的增长速度，而且最后茎、叶干重回升得较高，说明辽粳326在灌浆后期干物质生产能力仍然很强，不仅满足了籽粒灌浆的需要，而且还可向营养器官中再次积累，这不仅有利于品种的活秆成熟，还可增强后期植株的抗倒伏能力，但是如果能采取某种措施，适当扩大籽粒库容，使后期合成的干物质多向籽粒中转移，减少其在茎、叶等营养器官中的滞留，则可进一步提高经济系数，增加经济产量。在这方面，直立穗品种应该比弯曲穗品种具有更大的潜力。辽粳326，大约在第3次测定时茎重才开始降低，而奥羽 316 在第 2 次测定时（开花后 1 周左右）茎重即开始下降。茎重的这种变化，是茎秆中临时性贮存碳水化合物积累与转移的外在表现。试验表明，抽穗后，奥羽 316 茎秆中贮存物质转移时间早，而辽粳 326 则较晚，这可能是灌浆前期奥羽 316 穗重增加较快的原因之一。

从两品种灌浆前期、后期群体生长率（CGR）和净同化率（NAR）的比较（表 4-3）可以看出，灌浆前期，辽粳 326 的 CGR 和 NAR 均低于奥羽 316，而后期则相反，并且差异更大。CGR 和 NAR 的这种差异可能是两品种灌浆期穗重和总干重变化不同的主要原因。从图 4-1 看出，辽粳 326 成熟期的穗重和每穴生物产量均超过了奥羽 316，这是辽粳 326 整个灌浆期的平均 CGR 和 NAR 高于奥羽 316 的结果。

表 4-3 辽粳 326 和奥羽 316 灌浆期间 CGR 和 NAR 比较

品种	CGR/[g/(m²·d)]		NAR/[g/(m²·d)]	
	灌浆前期	灌浆后期	灌浆前期	灌浆后期
辽粳 326	17.50	26.67	4.40	4.52
奥羽 316	28.97	12.18	5.56	3.97

表 4-4 是两品种物质生产特性的比较。从表中可以看出，辽粳 326 抽穗后的干物质生产量占其生物产量的 53.77%，不但比抽穗前生产的干物质量高，而且还高于最终的经济产量。奥羽 316 抽穗后生产的干物质占其生物产量的 43.54%，低于抽穗前的生产量和经济产量。一些学者通过对大量高产新品种的研究表明，抽穗后生产的干物质在产量形成中所起的作用越来越大，而且随着产量水平的提高，这种趋势也愈发明显。从这一角度考虑，辽粳 326 这类直立穗品种符合高产品种进化的方向，因而要比奥羽 316 这类弯曲穗品种更能满足超高产栽培的要求。

表 4-4 辽粳 326 和奥羽 316 抽穗后物质生产特性

品种	每株生物产量/g	每株经济产量/g	经济系数	每株抽穗前积累		每株抽穗后生产		
				质量/g	%[a]	质量/g	%[a]	%[b]
辽粳 326	71.58	34.31	0.48	33.09	46.30	38.49	53.77	112
奥羽 316	59.37	29.98	0.50	33.52	56.46	25.85	43.54	86

注：%[a] 为占生物产量的比例；%[b] 为占经济产量的比例

4.2.2.2 与物质生产关系密切的叶片质量的比较

下面从 LAI、比叶重、叶绿素含量等几方面比较直立穗与弯曲穗品种的叶片质量。仍以辽粳 326 和奥羽 316 作为直立穗和弯曲穗品种的代表。

1. LAI 的比较

叶面积的大小及其消长动态对作物的生产具有重要意义。粳稻要想获得高产,必须有一个大小适合、配置合理、光合效率高的叶系。从源库理论看,塑造一个抽穗期源库关系协调的群体是高产的要求。

从试验结果看,直立穗品种辽粳 326 抽穗后各时期的 LAI 均低于弯曲穗品种奥羽 316(表 4-5),这与试验中两种穗型品种采取相同的栽培密度和管理方法有关。在实际生产中,直立穗品种一般栽培密度大,肥水条件好,因此 LAI 要比弯曲穗品种高。

从表 4-5 可以看出,虽然辽粳 326 的 LAI 水平较低,但抽穗后下降较慢;而奥羽 316 的 LAI 虽然较高,但下降得较快。说明和弯曲穗品种相比,直立穗品种抽穗后能够维持较好的光合势,这是直立穗品种的优点。如果能适当提高LAI,则直立穗品种后期干物质生产能力还将会提高,产量也会上升到一个新的台阶。

表 4-5 辽粳 326 和奥羽 316 抽穗后 LAI 的比较

测定时期	辽粳 326		奥羽 316	
	LAI	占齐穗期比例*/%	LAI	占齐穗期比例*/%
齐穗期	4.13	(100)	6.18	(100)
齐穗后 1 周	3.94	(95.4)	5.46	(88.35)
齐穗后 2 周	4.24	(102.66)	4.84	(78.32)
齐穗后 3 周	3.41	(82.57)	5.39	87.22）
齐穗后 4 周	3.65	(88.38)	4.64	(75.08)
齐穗后 5 周	3.09	(74.82)	4.78	(77.35)

* 是以齐穗期 LAI 为 100 的相对值

2. 比叶重的比较

比叶重是指单位叶面积的叶片质量,是比较稳定的品种特性。据王余龙等(1995)的研究表明比叶重可作为粳稻颖花根活量的诊断指标。比叶重较高,说明稻株具有较高的颖花根活量,能有效地提高净同化率和延缓叶面积下降速度,促进同化产物向籽粒输送,显著地提高籽粒的灌浆速率。粳稻品种间的比叶重差异很大。从图 4-2 可以看出,在抽穗后的各个时期,辽粳 326 的比叶重都明显高于奥羽 316。比叶重较高,可能是直立穗品种抽穗后光合能力较强,最终产量较高的一个重要原因。

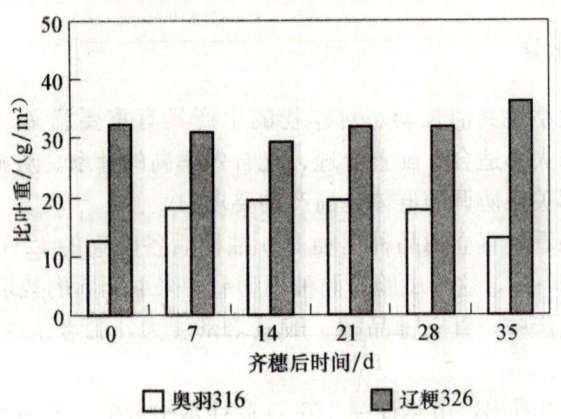

图 4-2　辽粳 326 和奥羽 316 灌浆期间比叶重变化

3. 叶绿素含量的比较

图 4-3 是辽粳 326 和奥羽 316 抽穗以后上部 4 片叶叶绿素含量的直方图。从图 4-3 可以看出，在籽粒灌浆期间，两品种的叶绿素含量都经历了一个升高之后又降低的变化进程。叶绿素含量的最高点大约出现在齐穗期以后 1 周左右（第 2 次测定时），此时正是籽粒灌浆的旺盛时期。灌浆中期以后叶绿素含量开始下降，其中以奥羽 316 各叶片的叶绿素含量下降得更快一些。这可能是由于灌浆中期以后，奥羽 316 的穗子逐渐弯垂，遮光变得严重，恶化了冠层光照条件引起的。相比之下，由于辽粳 326 的穗子一直保持直立，灌浆中期以后，群体光照条件变化不大，所以各叶片叶绿素含量下降得较为缓慢。从两品种倒 4 叶叶绿素含量的变化上可以清楚地看到这一点。奥羽 316 倒 4 叶在第 5 次测定时，叶绿素含量已经很低，最后一次测定时则已经枯萎死亡。而辽粳 326 即使到最后，倒 4 叶仍然能保持一定的叶绿素含量。灌浆中、后期叶绿素含量较高且下降较慢，可能是辽粳 326 等直立穗品种生育后期仍然能保持较强的光合生产能力的主要生理原因。

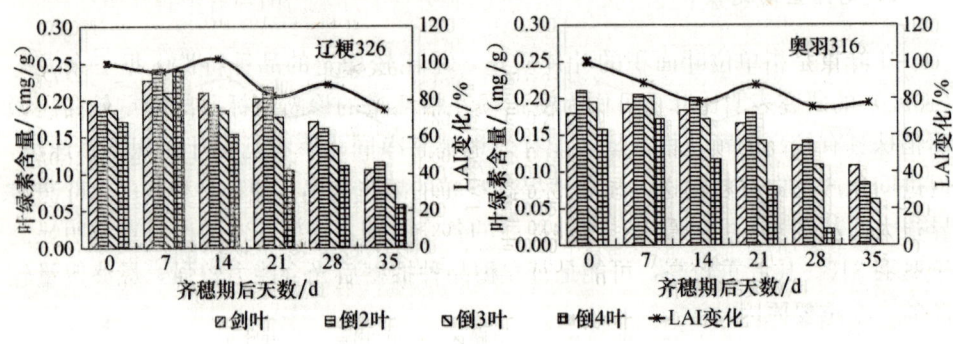

图 4-3　辽粳 326 和奥羽 316 抽穗后上部 4 片叶叶绿素含量及 LAI 变化

总之，直立穗品种叶片的比叶重较高，叶绿素含量较高，因而叶片质量优于弯曲穗品种。如果能通过合理密植，适当提高直立穗品种的叶面积指数，则有望进一步提高其产量。

4.2.3 不同穗型品种穗部性状和籽粒灌浆特性的比较

4.2.3.1 不同穗型品种穗部性状比较

表 4-6 是 10 个品种主穗穗部性状调查结果，从表中可以看出，直立穗品种和弯曲穗品种的各个性状指标变化不尽相同。

直立穗品种的 1 次枝梗数和 1 次枝梗粒数变异系数相对较小，而 2 次枝梗数和 2 次枝梗粒数变异系数相对较大，表明直立穗品种间每穗颖花数的差异主要是由 2 次枝梗数和 2 次枝梗粒数决定的。弯曲穗品种的情况正好相反，其 1 次枝梗数及 1 次枝梗粒数的变异幅度大于相应的 2 次枝梗，表明弯曲穗品种是 1 次枝梗数及 1 次枝梗粒数决定着品种间每穗颖花数的差异。

试验中，直立穗品种主穗平均颖花数略少于弯曲穗品种，穗长也比弯曲穗品种短；二者的着粒密度是前者大于后者，直立穗型为（7.93±1.68）粒/cm，变异系数为 21.19%；弯曲穗型为（6.92±0.73）粒/cm。从整穗和各级枝梗的实粒数与结实率的平均结果来看，直立穗品种两项指标均高于弯曲穗品种。表 4-6 中所列数据均为主穗资料，因此至少可以说明在灌浆条件良好的情况下，着粒密度大，并不一定结实率低。这就为直立穗品种通过穗大夺高产提供了依据和希望。

从平均结果看，两种穗型品种主穗上 1 次枝梗粒数均多于 2 次枝梗粒数，其中直立穗品种的 1 次枝梗粒数：2 次枝梗粒数为 1.35，弯曲穗品种的为 1.03。这一比值较大，说明 1 次枝梗粒数在主穗总颖花数中的贡献较大，这可能是本试验中直立穗品种结实率较高的直接原因。对于不同穗型品种，每个 1 次枝梗上着生的 1 次枝梗粒数和每个 2 次枝梗上着生的 2 次枝梗粒数基本一致，前者为 6 粒，后者为 3 粒，而且变异系数都不大，说明这两个指标受穗型影响较小。而每个 1 次枝梗上着生的 2 次枝梗数，两种穗型差别很大。弯曲穗品种这一指标平均数为 1.83±0.08，变异系数为 4.59%，比较稳定；而直立穗品种为 1.63±0.22，变异系数为 13.46%，变化较大。前面已经分析出，2 次枝梗数和 2 次枝梗粒数对于直立穗品种每穗颖花数影响较大。由于每个 2 次枝梗上平均着生 3 粒籽粒，变化很小，因此，直立穗型品种每穗颖花数受每个 1 次枝梗上所着生的 2 次枝梗数影响较大。

表 4-6 直立穗与弯曲穗品种主穗穗部性状考察表

品种	1次枝梗数(a)	2次枝梗数(b)	1次枝梗颖花数(c)	2次枝梗颖花数(d)	总颖花数(e)	穗长(f)/cm	b/a	c/a	d/b	c/d	c/e	d/e	e/f	着粒密度指数	1次枝梗实粒数	2次枝梗实粒数	每穗总实粒数	结实率/%
辽粳326	14.80	29.00	82.00	80.20	162.20	16.12	1.96	5.54	2.77	1.02	0.51	0.49	10.06	2.47	79.80	69.80	149.60	92.23
辽粳5	13.80	21.60	79.80	58.40	138.40	23.60	1.57	5.78	2.70	1.37	0.58	0.42	5.86	2.44	75.80	38.80	114.60	82.92
沈农515	10.60	14.60	62.40	42.80	102.20	14.54	1.38	5.89	2.93	1.46	0.61	0.42	7.03	1.87	60.80	39.80	100.60	98.43
辽粳414	14.80	25.40	81.20	74.20	155.40	16.96	1.72	5.49	2.92	1.09	0.52	0.48	9.16	2.28	79.60	70.00	149.60	96.27
辽粳294	11.40	17.40	64.00	48.60	112.60	14.94	1.53	5.61	2.79	1.32	0.57	0.43	7.54	5.55	59.60	44.60	104.20	92.54
$\bar{X}$	13.08	21.60	73.88	58.76	134.10	17.23	1.63	5.66	2.82	1.25	0.56	0.45	7.93	2.92	71.12	52.60	123.72	92.48
S	1.96	5.83	9.80	13.40	26.17	3.69	0.22	0.17	0.10	0.19	0.04	0.03	1.68	1.49	10.10	15.94	24.18	5.94
C.V.(%)	15.00	26.98	13.26	22.81	19.51	21.39	13.46	2.97	3.54	15.04	7.54	7.63	21.19	50.97	14.21	30.31	19.54	6.42
奥羽316	13.00	24.20	73.20	67.40	140.60	18.34	1.86	5.63	2.79	1.09	0.52	0.48	7.54	2.29	69.60	49.80	117.40	83.50
沈农129	13.40	25.00	77.80	77.00	154.80	19.66	1.87	5.81	3.08	0.99	0.50	0.50	7.87	2.68	73.00	55.00	128.00	82.69
笹锦A/8142	14.40	24.80	83.80	73.00	156.80	24.70	1.72	5.82	2.94	1.15	0.53	0.47	6.35	2.88	78.00	41.00	119.00	75.89
辽开79	10.50	20.25	57.50	61.25	118.80	18.08	1.93	5.48	3.02	0.94	0.48	0.52	6.57	2.15	56.50	48.80	105.30	88.63
铁粳4	12.20	21.60	66.00	66.00	132.00	20.98	1.77	5.41	3.06	1.00	0.50	0.50	6.29	5.25	64.20	53.00	117.20	88.79
弯曲穗	12.70	23.17	71.66	68.93	140.59	20.35	1.83	5.63	2.98	1.03	0.51	0.49	6.92	3.05	68.60	49.51	117.37	83.90
S	1.46	2.12	10.25	6.16	15.93	2.69	0.08	0.19	0.12	0.08	0.02	0.02	0.73	1.26	8.28	5.37	8.10	5.29
C.V.(%)	11.52	9.17	14.30	8.93	11.33	13.23	4.59	3.32	3.96	8.17	3.85	3.95	10.54	41.45	12.12	10.85	6.90	6.31

表 4-6 中所有指标的变异系数,以笹原指数最大。笹原指数是指 1 次枝梗数与 2 次枝梗颖花数最多的 1 次枝梗所在穗轴节位(自下向上)的比值,它反映了 2 次枝梗颖花在穗上的分布趋势。笹原指数高,说明 2 次枝梗颖花多分布于穗子下部,可称之为"2 次枝梗颖花下位优势型",笹原指数低,说明 2 次枝梗颖花多分布于穗子上部,可称之为"2 次枝梗颖花上位优势型"。笹原等人通过对大量不同类型品种的研究发现,笹原指数存在着明显的类型和品种间差异,并且与籽粒灌浆有密切的关系。本试验中,笹原指数的确存在着明显的品种间差异。从平均结果看,直立穗品种的笹原指数略低于弯曲穗品种,但变异幅度较大。

4.2.3.2 不同穗型品种灌浆特性的比较

1. 籽粒灌浆动态的比较

试验表明,无论是直立穗的辽粳 326,还是弯曲穗的奥羽 316,各级籽粒在灌浆过程中都经历了一个由快到慢的增重过程,只是增重的幅度和持续的时间因品种不同而有一定差异(图 4-4)。如果按达到灌浆高峰的早、晚和高峰期增重速度的大小,将一个穗子上的各级籽粒分成强势籽粒和弱势籽粒,则两品种基本相同,都是上部 1 次枝梗(PBt)籽粒>中部 1 次枝梗(PBm)籽粒>上部 2 次枝梗(SBt)籽粒>下部 1 次枝梗(PBb)籽粒>中部 2 次枝梗(SBm)籽粒>下部 2 次枝梗(SBb)籽粒。在灌浆前期,强势籽粒增重迅速,很快达到灌浆高峰,弱势籽粒则增重缓慢,俟强势籽粒灌浆高峰过后才迅速增重,并比强势籽粒延后一段时间(1~2 周)达到灌浆高峰。

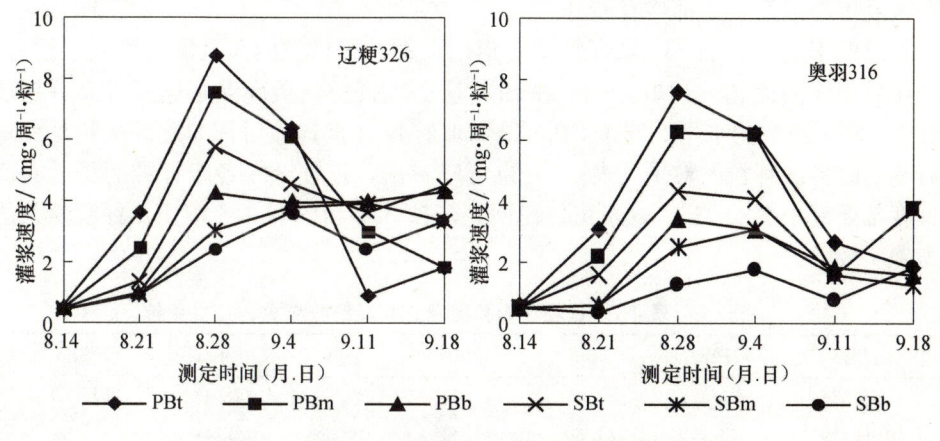

图 4-4 辽粳 326 和奥羽 316 各级籽粒灌浆速度动态

辽粳 326 的 PBt 籽粒在灌浆高峰期,灌浆速度为 8.756mg/(周·粒);奥羽 316 则较低,其 PBt 籽粒在灌浆高峰期,灌浆速度为 7.559mg/(周·粒),这说明辽粳326强势籽粒的灌浆能力较强。在各级籽粒中，辽粳326的PBt和PBm籽粒变化趋势很相似，都是最早达到灌浆高峰，之后灌浆速度急剧下降。到最后一次测定时，它们的灌浆速度在各级籽粒中最低。SBt籽粒与PBt和PBm籽粒同时达到灌浆高峰，但高峰期以后，速度下降较慢，后期又有一定程度的回升，所以最后测定时，在各级籽粒中灌浆速度最高，仍维持在4.483mg/（周·粒）的水平。而PBb籽粒在上述3级籽粒达到增重高峰时，也已达到高峰，此后两周内基本维持在这一速度水平[4.3mg/（周·粒）]，之后下降幅度也较小。SBm和SBb籽粒在强势粒灌浆高峰过后，较快增重。其中SBm籽粒的快速增重一直维持到强势粒灌浆高峰过后的第2周，而SBb籽粒则在强势粒增重高峰1周后速度即开始收敛。总之，辽粳326抽穗后籽粒灌浆能力较强，开花后大约1个月之内，各级籽粒都出现了每周每粒增重4mg以上的水平。

和辽粳326相比，奥羽316各级籽粒的灌浆能力都没能超过前者相应的籽粒。奥羽316较为强势的籽粒大约在开花后20天左右达到灌浆高峰期，这与辽粳326很相似。其中PBt籽粒在灌浆高峰期灌浆速度为7.559mg/（周·粒），比同一时期辽粳326的PBt籽粒低11.45%。PBm、SBt、PBb籽粒同PBt籽粒一起进入灌浆高峰期，但高峰期维持时间较长，即达到最大灌浆速度以后，在一段时间内能保持该速度或下降较缓慢，反映在速度曲线上就是形成了一个"平台"。这种"平台"现象的出现，对品种来说应该是一个好的性状。平台水平越高，持续时间越长，对籽粒的灌浆越有利。和强势粒相比，奥羽316的SBm和SBb籽粒灌浆能力也较弱，不但灌浆高峰期的到来比强势粒晚1周，且高峰期的速度也很低。在灌浆末期，奥羽316有4级籽粒（PBt、SBt、PBb和SBb）的灌浆速度在一度下降以后，又都略有回升。

总的来说，奥羽316和辽粳326相比，其各级籽粒的灌浆能力都低于后者，开花后1个月之内，PBb、SBm和SBb这3级籽粒的最高灌浆速度都没有超过4mg/（周·粒）的水平。其中SBm和SBb籽粒一直到最后都如此。从两品种最后测定时各级籽粒的粒重（表4-7）也可以看出，辽粳326各级籽粒的最后充实程度都要好于奥羽316。这也可以说明，辽粳326和奥羽316相比，籽粒灌浆能力确实较强。

表4-7 辽粳326和奥羽316最终籽粒重　　　　　　（单位：g/千粒）

品种	PBt	PBm	PBb	SBt	SBm	SBb
辽粳326	24.55	23.84	19.91	22.79	18.19	15.11
奥羽316	23.39	21.20	15.32	16.86	10.84	7.80

2. 灌浆期间草重、粒草干重的变化

由于贮存于茎鞘中的临时性碳水化合物也是籽粒灌浆物质的一部分，所以在籽粒灌浆期间,随着籽粒重量的变化,茎秆和叶鞘的重量也会出现相应的变化。

图 4-5 是辽粳 326 和奥羽 316 灌浆期间草重及粒草干重的变化情况。从图 4-5 可以看出,在整个灌浆期,辽粳 326 的单茎草重和粒草干重都明显高于奥羽 316。两品种的相同之处是抽穗后草重并非马上下降,而是在经过一段时间的积累增重之后才开始下降;并且在灌浆末期,又都有一定程度的回升,这在图 4-1 中也能反映出来。籽粒灌浆期间单茎草重的这种变化与籽粒灌浆密切相关。

灌浆前期,叶片的光合产物能够满足籽粒灌浆的需要,因此茎鞘中的干物质继续积累。当籽粒经过初期短暂的缓慢增重后,逐渐进入迅速增重期。这时,单纯依靠叶片当时的光合产物已不能满足籽粒灌浆的需要,所以贮存于茎鞘中的临时性碳水化合物作为灌浆的缓冲物质开始向籽粒大量转移,表现出单茎草重的迅速下降。当籽粒灌浆高峰维持一段时间后,籽粒已经得到相当程度的充实,库容变小,对源物质的需求也相应减少,灌浆速度开始下降。此时,叶片光合产物又足以满足继续灌浆的需要,而且还有盈余。所以,除继续供应籽粒灌浆外,还开始向茎鞘中转移、积累。因此,从整个灌浆期来看,茎鞘作为贮存碳水化合物的一个库,经历了一个吸收-输出-再吸收积累的变化过程,其中第一次吸收的最高值与输出最低值之差,应该是向籽粒库转移的部分。虽然从表面上看成熟期的草重并没有比抽穗期减少,甚至还有一定程度的增加,好像茎鞘中贮存的碳水化合物并没有向籽粒转移,其实,这只不过是茎鞘中的贮存物质在输出以后又重新吸收积累造成的。从图 4-5 可以看出两品种灌浆期茎鞘中积累的同化物向籽粒中转移量的差别。辽粳 326 最高草重为 2.63g/株,最低为 2.00g/株,单株转移率为 23.95%;奥羽 316 最高草重为 1.87g/株,最低为 1.46g/株,单株转移率为 21.93%。

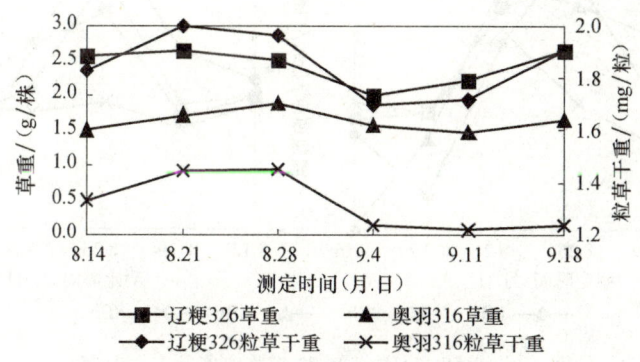

图 4-5 辽粳 326 和奥羽 316 灌浆期间草重与粒草干重动态

从以上分析可知,辽粳 326 抽穗前积累于茎鞘中的临时性贮存碳水化合物在抽穗以后向籽粒的转移率高于奥羽 316,加之抽穗以后辽粳 326 光合能力较强,所以形成了其籽粒的旺盛灌浆。

从图4-5还可以看出，粒草干重与草重的变化趋势基本一致。灌浆期的粒草干重是指每个颖花灌浆时所占有的植株干物重，是灌浆物质基础和当时源库关系的一种反映。辽粳326粒草干重大于奥羽316，说明辽粳326在灌浆期源的供应比奥羽316充足，籽粒灌浆具有很好的物质基础作保证，这也是辽粳326比奥羽316具有籽粒灌浆优势的重要原因。

4.2.3.3 不同穗型品种剪叶、疏花处理对籽粒灌浆的影响

从表4-1可知，辽粳454和辽开79的生育期都在156天左右。从生育期调查记载上看，两品种都是在8月8日左右抽穗，8月8日左右达齐穗期，因此两品种的灌浆应该是同时进行的，具有较好的可比性。

1. 籽粒灌浆动态的比较

从两品种未作处理的籽粒灌浆速度曲线看（图4-6），灌浆前期，除弱势的SBb籽粒以外，其余籽粒增重都很迅速，但以辽粳454各级籽粒的灌浆速度更快一些，在开花后10天左右，PBt和PBb籽粒即达到灌浆高峰；SBt和SBb籽粒延后1周达到灌浆高峰。在高峰期各级籽粒的灌浆速度[mg/(周·粒)]分别为：PBt=8.24，PBb=6.87，SBt=6.76，SBb=5.16。高峰期以后，各级籽粒灌浆速度下降很快，到灌浆末期除PBt还有所回升外，其余都一直呈下降趋势。

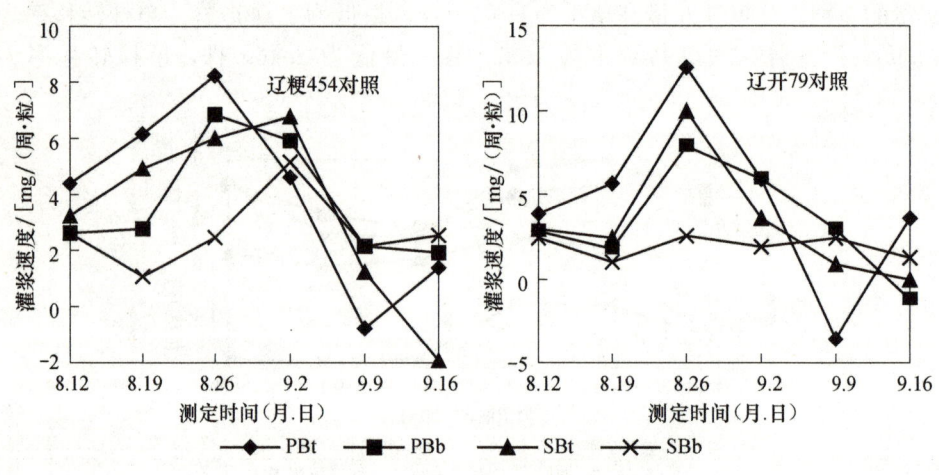

图4-6 辽粳454与辽开79灌浆速度动态（对照）

和辽粳454相比，辽开79各级籽粒在开花后10天左右，同时进入灌浆高峰期。按灌浆速度大小区分强、弱势籽粒，依次为：PBt＞SDt＞PBb＞SBb，灌浆速度依次为：12.59、9.91、7.82和2.51。可见，辽开79强势的PBt籽粒灌浆

速度很大（大于辽粳454相应籽粒），而弱势的SBt籽粒灌浆速度却很低（低于辽粳454相应籽粒）；强势粒的充分灌浆是以弱势粒的低速灌浆为代价的。从整个灌浆期的表现看，辽开79SBb籽粒一直处于低速灌浆状态，未能形成较大的速度高峰。这说明两品种相比，辽粳454的灌浆物质供应较充足，各级籽粒都能很好灌浆；而辽开79对同化物的竞争比较激烈，弱势粒灌浆不充分。

作1/2疏花处理后，库容减小，源的面积相对增加，同化物的供应比正常情况下应更能满足灌浆需要，从图4-7中可以明显地看到这一点。疏花处理后，辽粳454的灌浆速度曲线仍呈双峰态，但具体内容已有变化。由原来的上部籽粒先到达灌浆高峰，变成1次枝梗籽粒先到达灌浆高峰。2次枝梗籽粒虽然比1次枝梗籽粒晚1周左右到达灌浆高峰，但其灌浆速度却高于后者，PBb籽粒灌浆速度达8.61，而SBb籽粒甚至高达9.04。和对照相比，辽粳454各级枝梗籽粒在疏花处理后，最大灌浆速度依PBt、SBt、PBb和SBb的顺序分别增加了0.97%、5.33%、25.33%和75.19%。可见，疏花处理对辽粳454的强势籽粒影响不大，却使其弱势籽粒的灌浆得到很大改善，说明适当增大"源"的面积，扩大同化物质的供应，辽粳454弱势籽粒可以得到充分灌浆。

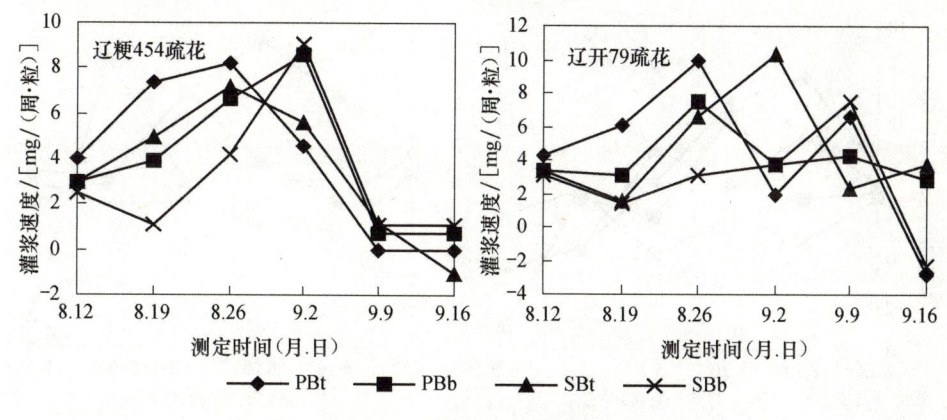

图4-7 辽粳454与辽开79疏花后灌浆速度动态

和对照相比，辽开79作疏花处理以后，各级枝梗籽粒的灌浆情况也发生了很大变化。首先是灌浆速度曲线由单峰态变成多峰态，1次枝梗籽粒达到灌浆高峰1~2周后，2次枝梗籽粒才渐次达到灌浆高峰；其次，各级籽粒高峰期灌浆速度和对照相比有升有降，其中上部枝梗籽粒PBt和SBt分别比对照下降了22.95%和22.60%，而下部枝梗籽粒PBb和SBb分别比对照增加了31.07%和195.62%。下降和上升的幅度都很大，其中上升的幅度要大于下降的幅度。按照常规推断，疏花处理后同化物的供应变得相对充足，强势的上部枝梗颖花的灌浆速度应该提高，但辽开79的结果却并非如此，这不同于辽粳454。其原因值得进一步深入研究，但这一事实至少也说明了辽开 79 这一品种较为强势的籽粒在源库关系发生变化时，其灌浆情况所受到的影响也很大。

和疏花处理相比，1/2 剪叶处理使得"源"的面积减少，"库"的容积相对变大，此时各级籽粒对灌浆物质的竞争与对照相比应变得更激烈。图 4-8 表明，辽粳 454 剪叶处理后，PBt 和 SBt 籽粒仍最先达到灌浆高峰，之后速度缓慢下降；PBb 籽粒于 1 周后达到灌浆高峰，之后速度下降得也较慢。高峰期以后灌浆速度下降慢，可能是灌浆期相对延长的一种表现，因为"源"面积减少，光合产物的供应较少，籽粒不能在短时间内以较快的速度充分灌浆，所以只能在较低速度下，通过时间的延长满足籽粒的灌浆。从 SBb 籽粒灌浆速度的变化上也可以看出，剪叶处理后，同化物供应减少，弱势粒的灌浆很难满足，只有到其他籽粒的灌浆速度全部下降以后，其灌浆速度才略有升高。比较整个灌浆期，辽粳 454 各级籽粒的灌浆速度，依 PBt、PBb、SBt 和 SBb 的顺序，剪叶处理后分别比对照降低了 6.31%、10.92%、21.60% 和 66.09%。其中 1 次枝梗籽粒降低得较少，2 次枝梗籽粒降低得较多，说明当源合成的光合产物减少时，2 次枝梗籽粒灌浆速度受到的影响较大，1 次枝梗籽粒所受影响较小。

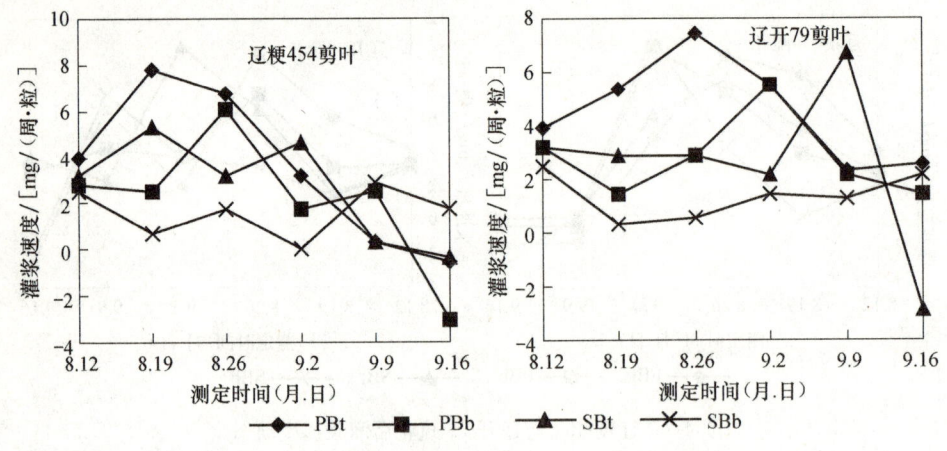

图 4-8　辽粳 454 与辽开 79 剪叶后灌浆速度动态

剪叶处理后同化物减少对籽粒灌浆的影响，在辽开 79 的灌浆速度曲线上反映得更明显。首先，曲线由单峰变成多峰态，按对照中 PBt＞SBt＞PBb＞SBb 的灌浆强弱顺序，各级籽粒依次达到最大灌浆速度，但最大灌浆速度的值比对照分别下降了 41.94%、46.22%、14.96% 和 23.9%。和辽粳 454 相反，辽开 79 较为强势的籽粒灌浆速度受同化物减少的影响比较大，而弱势籽粒所受影响则相对较小。

从以上分析可以看出，通过剪叶和疏花处理改变源库的比例关系以后，各级籽粒的灌浆速度都不同程度地受到影响。其中直立穗品种辽粳454在源库比例变化以后，相对强势的籽粒所受影响较小，而相对弱势的籽粒所受影响较大。和辽粳454相比，弯曲穗品种辽开79在源库比例变化以后，不但弱势粒的灌浆速度受到影响，强势粒的灌浆速度也受到很大影响。值得一提的是，不论是疏花处理，还是剪叶处理，辽开79强势籽粒灌浆速度都比对照相应地降低。产生这种现象的原因值得进一步研究。和强势粒相比，辽开79的弱势粒在疏花处理后，灌浆速度增加了近2倍，说明在正常情况下，辽开79的灌浆物质供应很不充足，弱势籽粒灌浆所受抑制很大。

2. 处理后籽粒干重和草重的变化

从表4-8可以看出，疏花或去叶处理对辽粳454和辽开79强势籽粒的最后干重影响不大，而对弱势籽粒影响则较大。其中直立穗品种辽粳454在作疏花处理使灌浆物质相对增加的情况下，弱势籽粒最后干重的增加并不是太大；但是在作剪叶处理使灌浆物质减少时，其弱势籽粒最后干重的降低幅度很大。这说明在灌浆期增加灌浆物质，辽粳454的籽粒灌浆并未得到更进一步的改善；但若减少灌浆物质，则灌浆会受到较大影响。这表明在正常情况下，辽粳454的灌浆物质能很好地满足其籽粒的灌浆。和辽粳454相比，辽开79在作疏花处理后，籽粒干重大幅度增加，剪叶处理后，籽粒干重有降低较大，这说明辽开79在正常情况下，灌浆物质还需进一步增加，才可满足其籽粒的充分灌浆。

表4-8 辽粳454与辽开79最终籽粒重　　　　（单位：g/粒重）

品种	处理	PBt	PBm	PBb	SBt	SBm	SBb
辽粳454	CK	24.13(100)	23.60(100)	25.55(100)	20.07(100)	20.28(100)	15.36(100)
	1/2疏花	24.48(100.62)	23.51(99.62)	23.65(104.88)	21.65(107.87)	21.22(104.64)	18.92(123.18)
	1/2剪叶	23.89(99.01)	22.03(93.35)	12.97(57.52)	16.07(80.07)	10.27(50.64)	7.19(46.18)
辽开79	CK	27.37(100)	27.27(100)	20.11(100)	19.57(100)	19.65(100)	11.22(100)
	1/2疏花	28.31(103.81)	27.21(99.78)	27.70(137.74)	24.89(127.18)	21.75(110.69)	16.66(148.48)
	1/2剪叶	27.17(99.27)	25.52(93.24)	13.26(65.94)	18.11(92.54)	14.80(75.32)	7.91(70.5)

注：（ ）内数值是以CK为100的相对值

图4-9是抽穗以后辽粳454和辽开79单株草重的变化曲线。辽粳454在正常情况下，抽穗后草重一直呈下降趋势，说明贮存在茎鞘中的同化物质在抽穗后转移到籽粒中的比例很大；而在作疏花处理后，辽粳454的草重只是在灌浆初期

稍有降低，以后一直呈上升趋势，直到灌浆结束，说明疏花后同化物质的供应相对增加，不再需要茎鞘中贮存物质的转移即可满足灌浆的需要，而且多余的光合产物又继续贮存于茎鞘之中。剪叶后辽粳454的草重一直呈下降趋势。和辽粳454相比，辽开79的草重处于一个较低的水平，而且都一直呈现降低趋势，即使作疏花处理，草重也只是在灌浆前期有所增加，之后也下降，这反映出，辽开79即使在一定程度上增加灌浆物质的供应，也满足不了其籽粒灌浆的需要，仍然需要动用茎鞘中的贮存物质。

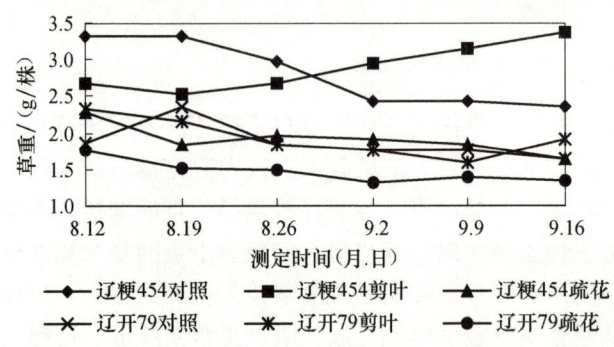

图4-9 不同处理辽粳454和辽开79灌浆期间草重动态

综合上述分析可知，正常情况下，直立穗品种辽粳454抽穗后灌浆物质的供应相对充足，基本上可以满足籽粒灌浆的需要，而弯曲穗品种辽开79抽穗后灌浆物质仍需进一步增加，才可满足其籽粒的正常灌浆。总之，直立穗品种和弯曲穗品种相比，单株物质生产能力较强，通过抽穗前的生产积累和抽穗后的光合生产，能够使籽粒顺利地灌浆，而弯曲穗品种的灌浆物质则相对不足。

4.2.4 不同穗型品种穗部功能的初步比较

4.2.4.1 不同处理对不同穗型品种产量及其构成因素的影响

试验结果表明经去叶和遮光处理，各品种的产量均明显下降（表4-9）。去叶后的产量应当由茎秆光合作用＋穗光合作用＋茎秆转移量三部分构成，去叶茎遮光的产量应为穗光合作用加茎秆转移量，去叶穗遮光的产量应为茎秆光合作用加茎秆转移量。假设三种处理茎秆转移量相同，则去叶－去叶茎遮光和去叶－去叶穗遮光的产量差值可分别视为茎秆与穗光合作用对产量的贡献值。从4个品种（组合）的平均值看，它们分别是7.7%和34.3%。这显示出穗光合作用对产量的贡献要大于茎秆。比较不同穗型的差别，发现直立穗品种穗光合作用对产量的贡献大于弯曲穗品种（组合），前者平均为41.4%，后者平均为27.1%。说明直立穗品种在产量形成过程中穗起的作用要大于相应的弯曲穗品种。

表 4-9 不同处理单茎平均结实粒重

处理		辽粳 5		辽粳 326		奥羽 316		笹锦 A/8142		平均
		粒重	(%)	粒重	(%)	粒重	(%)	粒重	(%)	
对照	$\bar{X}$	2.33	(100)	3.06	(100)	2.66	(100)	3.7	(100)	(100)
	SX	0.107		0.176		0.294		0.262		
去叶	$\bar{X}$	1.32	(56.7)	2.32	(75.8)	1.62	(60.9)	2.03	(54.9)	(62.1)
	SX	0.374		0.36		0.196		0.456		
去叶茎遮光	$\bar{X}$	1.14	(48.9)	2.13	(69.6)	1.49	(56.0)	1.59	(42.9)	(54.5)
	SX	0.271		0.192		0.314		0.1516		
去叶穗遮光	$\bar{X}$	0.32	(13.7)	1.1	(35.9)	0.769	(28.9)	1.21	(32.7)	(27.8)
	SX	0.434		0.431		0.231		0.519		

注：（%）是以"全株"对照作 100 的相对值

由于本次试验中籽粒充实度普遍较差，实粒重中包含稻壳的比重较大，为排除这一影响，采用水选粒重做进一步的比较（表 4-10）。各品种（组合）不同处理水选粒重的变化趋势与表 4-9 中所列的平均结实粒重一致。由表 4-10 可知，两直立穗品种穗遮光后比弯曲穗品种（组合）减产的幅度大，表明直立穗品种穗子对光照条件的改变更为敏感，也间接说明了穗子在直立穗品种产量形成过程中所起的重要作用。

表 4-10 不同处理单茎水选粒重

处理	辽粳 5		辽粳 326		奥羽 316		笹锦 A/8142	
	粒重	(%)	粒重	(%)	粒重	(%)	粒重	(%)
对照	1.97	(100)	2.93	(100)	2.32	(100)	3.2	(100)
去叶	0.829	(42.1)	1.87	(63.9)	1.32	(56.9)	1.587	(49.4)
去叶茎遮光	0.7	(35.0)	1.43	(48.9)	0.998	(43.0)	1.1	(34.4)
去叶穗遮光	0.0111	(0.564)	0.012	(0.839)	0.151	(6.51)	0.469	(14.7)

注：（%）是以对照作 100 的相对值

表 4-11 是各品种（组合）不同处理产量构成因素的变化情况。从表中可以看出，茎秆遮光产量减少的主要原因是粒重下降；穗遮光则使结实率和粒重都明显下降。说明茎秆遮光处理并未改变光合产物运输分配的范围，只是减少了分配给每个籽粒的干物质量，而穗遮光处理既减少了光合产物进入籽粒的范围，又降低了分配给每个籽粒的干物质量。这充分表明，在叶光合系统不存在的情况下，穗子对产量的贡献要大于茎秆的贡献。对不同穗型进行比较，发现作穗遮光处理时，直立穗品种的结实率比弯曲穗品种降低得更多，说明直立穗品种的穗子对协调光合产物分配的作用很大。通过观察发现，直立穗品种和弯曲穗品种相比，特别是新近育成的直立穗品种，穗子抽出后，穗部各级枝梗保持绿色的时间较长，

这对于增加光合产物合成，促进光合产物运输很有利，可能是直立穗品种穗子在产量形成中所起的作用大于弯曲穗品种的生理原因。

表 4-11　不同处理产量构成因素

处理	辽粳 5			辽粳 326			奥羽 316			笹锦 A/8142		
	每穗粒数/粒	结实率/%	千粒重/g	每穗粒数/粒	结实率/%	千粒重/g	每穗粒数/粒	结实率/%	千粒重/g	每穗粒数/粒	结实率/%	千粒重/g
全株	129.7	92.2	19.4	152.0	90.9	22.4	140.2	91.8	20.7	177.0	82.0	25.3
去叶	122.7	68.0	15.9	143.0	80.0	20.6	139.9	65.4	18.5	181.1	47.8	23.6
去叶茎遮光	124.4	62.3	14.8	145.2	83.1	17.9	140.0	68.9	15.4	180.0	41.1	12.5
去叶穗遮光	128.6	19.6	12.1	156.5	56.0	13.2	135.8	49.9	13.0	176.3	45.3	15.2

4.2.4.2　不同处理的干物质积累与分配

生物产量是经济产量的基础。在没有叶光合系统的情况下，茎秆遮光生物产量有所下降，但各品种下降不大，与去叶未遮光处理相比，一般不降低于 5%，而穗遮光使各品种生物产量下降达 20% 以上（表 4-12），说明茎秆的光合作用在干物质积累中所起的作用不大，而穗的作用则相对很重要。不同穗型品种对穗遮光处理的反应也有差别，弯曲穗品种生物产量的减少低于直立穗品种。若以穗重占生物产量的百分率作为衡量指标，则由表 4-12 可以看出，穗遮光使直立穗品种的穗重比率减少 16%，而弯曲穗品种则只减少了 9%，这进一步说明了穗遮光使直立穗品种产量降低更为显著的生理原因。

表 4-12　不同处理平均单株生物产量与干物质分配

处理	辽粳 5			辽粳 326			奥羽 316			笹锦 A/8142		
	穗	茎秆	生物量	穗	茎秆	生物量	穗	茎秆	生物量	穗	茎秆	生物量
去叶	1.52 (57.8)	1.11	2.63 100*	2.03 (63.3)	1.18	3.21 100	1.76 (63.8)	1.06	2.82 100	2.63 (64.9)	1.42	4.05 100
去叶茎遮光	1.38 (545.0)	1.13	2.51 95.4	1.98 (59.7)	1.28	3.18 99.2	1.72 (64.1)	0.961	2.68 95	2.01 (60.2)	1.38	3.34 82.5
去叶穗遮光	0.953 (41.1)	1.14	2.09 79.6	1.17 (46.9)	1.32	2.48 77.6	1.13 (54.1)	0.946	2.09 74.1	1.56 (56.9)	1.18	2.74 67.7

注：（　）内数值为穗重占生物量的百分率，* 为以对照（去叶处理）生物量为 100 的相对值

综上所述，穗遮光处理对物质生产与分配的影响大于茎秆遮光；直立穗品种光合产物的积累与分配受穗遮光的影响又大于弯曲穗品种，说明在产量形成过程

中，穗部受光的重要性要大于茎秆；而直立穗品种由于穗子直立，在整个灌浆期都受光良好，因而其机能和以往的弯曲穗相比，已经大大提高。这是否就是穗本身的光合作用得到提高，还是穗在其他方面的功能（如协调光合产物分配的范围和比例）有所加强，或者上述两种功能都有改进，还有待于进一步证实。今后，随着直立穗品种的进一步改良，其穗部功能肯定会愈发加强。但能否达到同样是直立穗的麦类作物的穗部功能水平，还有待于进一步研究和努力。

4.3 结论和讨论

直立穗品种自20世纪80年代逐渐兴起，和传统的弯曲穗品种相比，直立穗品种之所以能够存在并得以推广，肯定具有不同于弯曲穗品种的诸多优点。特别是在现在这种高产、更高产甚至超高产形势下，我国北方高产粳稻区的直立穗品种栽培面积稳步增加，更证明了它满足超高产栽培的要求，符合粳稻栽培品种进化的方向。

通过本研究，既肯定了以往对直立穗性状的普遍评价，又提出了一些新的、不同的观点，发现了某些新的问题。现总结如下：

第一，在肥力水平和栽培管理水平较低，最终每亩穗数水平相近的情况下，直立穗品种与弯曲穗品种相比，并不具备明显的产量优势，甚至有时产量还会低于弯曲穗品种。但直立穗品种的优势在于耐肥抗倒、生长量大、适于密植，因而可以通过高水平的肥、水管理，使生产中的直立穗品种每亩穗数达到较高水平，从而获得较高产量。试验中，沈农635每亩达30万穗，每穗成粒90粒，千粒重25g时，可获得675kg/亩的产量。试验表明，直立穗性状与每穗颖花数和结实率并无直接联系。通过有意识地选择，完全可以选育出穗大粒多但结实率仍然很高的直立穗品种。在穗多的基础上进一步提高穗重，使产量再上新台阶。试验中辽粳294每穗实粒120粒，即使在每亩22万穗的较低水平下，当千粒重达25g时，也获得了660kg/亩的较高产量。如能进一步提高穗数水平，实现超高产是可能的。总之，正是直立穗品种能够在较高水平上，充分协调好穗多与穗大的矛盾，所以它代表着超高产品种发展的方向，适合于在栽培条件良好、生产水平较高的地区进行种植。

第二，生物产量是经济产量的基础。当初的矮化育种，使植株高度普遍降低，品种变得耐肥抗倒，适于密植，不仅提高了收获指数，还提高了单位面积上的生物产量，从而实现了产量的大幅度提高，被称为"绿色革命"。目前，生产上栽培的大多数高产品种，其经济系数已经达到了理论限度，再进一步提高经济系数以提高产量的可能性不大。今后要想获得更高产量，必须在提高单位面积生物产量上下工夫。直立穗品种与传统的弯曲穗品种相比，具有生物产量高的优势。试验表明，不同穗型品种抽穗前的物质生产积累与分配并无太大差异，而抽穗以后，直立穗品种的群体生长率和净同化率都很高，因而物质生产能力强于弯曲穗品种。抽穗后物质生产能力强，生产的干物质在经济产量中占有的比例大，是高产品种进化的趋势。直立穗品种符合这种进化趋势，总的生物产量高，因而经济产量也高于弯曲穗品种。

试验中发现，直立穗品种抽穗以后 LAI 下降缓慢，功能叶片的比叶重和叶绿素含量均较高，因此直立穗品种的叶片质量优于弯曲穗品种，这是直立穗品种抽穗后物质生产能力强的内在生理原因。理想株型不仅要求植株的株形理想，植株的生理功能更应优化。直立穗型粳稻品种符合理想株型理论的这一要求，是该理论在实践中的成功运用。

第三，一般认为，直立穗品种和弯曲穗品种相比，虽然抽穗后物质生产能力强，但由于抽穗前贮存的干物质在抽穗后向籽粒的转移率低，所以并不具备明显的灌浆优势。本研究则得出不同结论。通过对不同穗型品种籽粒灌浆和单茎草重变化的连续观察，发现直立穗品种抽穗后籽粒灌浆能力强，而弯曲穗品种则相对较弱。

从整个灌浆期单茎草重和粒草干重的变化来看，直立穗品种这两项指标都始终高于弯曲穗品种，说明直立穗品种具有良好的灌浆物质基础。抽穗以后，两种穗型的草重都继续增加一段时间，之后迅速下降，到灌浆末期都略有回升。说明抽穗以后，贮存于茎鞘中的临时性碳水化合物并非马上输出用于籽粒的灌浆，而是继续积累。这可能是灌浆初期光合产物足以供应籽粒灌浆；不需要启用这部分"缓冲物质"。只有当灌浆进行一段时间以后，叶片合成的光合产物难以满足籽粒灌浆的时候，这部分贮存物质才作为一种"缓冲"进行输出，以弥补灌浆物质的不足。到灌浆末期，籽粒基本充实，灌浆趋于结束，叶片合成的光合产物相对过剩，茎鞘中贮存物质由输出又变成输入，茎鞘再次进行同化物的积累。因此，计算茎鞘中贮存物质在灌浆期向籽粒转移的比率时，应该取茎鞘在抽穗以后第一次吸收最高值与灌浆后期输出最低值之差，这个差值才是真正的转移量。通过计算发现，直立穗品种不但抽穗后光合生产能力强，其茎鞘中贮存同化物的转移率也明显地高于弯曲穗品种，这就保证了灌浆期间同化物的充分供应，使得直立穗品种具有较强的灌浆优势。以往认为直立穗品种转移率低，是因为直立穗品种在基本完成籽粒灌浆以后，光合产物又向茎秆中重新积累，而计算转移率时，只取成熟期和齐穗期两点的草重差值作为"转移量"。试验表明，这一差值并不是真实的转移量，所以据此计算出的"转移率"也并不能反映实际情况。今后，在计算贮存物质转移率时，不应简单比较齐穗期和成熟期两生育时期的草重，而应将转移率放在整个生长过程之中进行研究。

第四，自 1928 年 Mason 和 Maskell 提出作物产量的源库理论（source-sink

theory)以来，人们常以源库的观点探索作物高产的途径。根据源库理论，只有源足、流畅、库大才能获得最终的高额产量。通过改变源库关系的试验发现，正常情况下，直立穗品种基本上能够保证源、库、流的协调，而弯曲穗的源则相对不足，这是直立穗品种生产潜力高于弯曲穗品种的内在原因之一。不论是直立穗品种还是弯曲穗品种，在源物质供应相对不足时，强、弱颖花的灌浆都会受到不同程度的影响。其中直立穗品种弱势颖花所受影响大，而弯曲穗品种甚至强势颖花也受到了很大影响。所以，通过加强中、后期的肥、水管理，增强抽穗后的干物质生产能力，对促进灌浆，提高结实率，特别是提高中后期生产能力较弱的弯曲穗品种的灌浆结实能力，具有重要的意义。

综上所述，直立穗型品种的出现，是我国理想株型理论在实践中的又一次发展，是适应高产更高产要求而发生的重要的形态变化。20世纪80年代以来，为了大幅度提高粳稻单产，各国都采取了相应的措施，如日本的"超高产计划"，力图使粳稻单产在15年内增长50%以上（徐正进，1993）。国际粳稻研究所最近又提出"低分蘖、少穗大穗、高收获指数"的"超级稻"（super rice）计划，以突破改良稻的产量极限（杨仁崔，1996）。我国在经历了杂种优势利用和理想株型育种之后，提出今后超高产的方向在于理想株型与优势利用相结合（杨守仁，1980）。直立穗型粳稻品种很可能就是在这种国际、国内寻求突破粳稻单产极限的形势下，出现的代表着栽培稻进化方向的新型粳稻品种。

第5章　不同类型粳稻品种产量生理特性与株型特征的研究

5.1　材料与方法

试验在沈阳农业大学粳稻试验田进行。

5.1.1　试验材料

参试品种有辽宁省主栽品种辽开79、辽粳326、沈农8801、沈农8718、新品系沈农8714、高优2号、杂交组合笹A/8142和从日本引进的超高产品种奥羽316、优质米品种农林315和秋光、辽粳454、辽粳294和铁粳4号。以辽粳5号和秋光为对照。

5.1.2　试验方法

（1）采用随机区组设计，4次重复，小区面积6.84m²。单本插秧，行株距为30cm×13.3cm。营养土保温旱育苗，4月12日播种，5月20日移栽，井水灌溉。中等肥力。育苗技术及本田管理参照粳稻模式化栽培（王伯伦，1993）。粳稻生长期间调查生理性状，收获前取样调查产量性状及株型特征，小区实打实收。

（2）叶绿素含量：叶绿素含量测定采用乙醇丙酮混合液法测定。

称取粳稻叶片0.1g，剪碎，置于带盖试管中，吸取1∶1无水乙醇和无水丙酮混合物10ml，浸泡叶片并于暗处放置12h。利用分光光度计测定叶绿素含量。分别测定476nm，645nm，663nm下的OD值。

$$C_a = 12.7 \times OD_{663} - 2.69 \times OD_{645}$$
$$C_b = 22.9 \times OD_{645} - 4.68 \times OD_{663}$$
$$C_t = C_a + C_b = 8.02 \times OD_{663} + 20.21 \times OD_{645}$$

（3）丙二醛含量（MDA）：硫代巴比妥酸法。

1ml酶液加3ml 0.5%TBA 5%TCA 10min沸水浴，迅速冷却，以1800g离心10min，取上清测定532nm和600nm的OD值（以对照蒸馏水调零）。

（4）超氧化物歧化酶（SOD）：SOD活性测定采用氮蓝四唑（NBT）光还原法。

称取粳稻叶片或根系 0.3g 加入 50mmol/L 磷酸缓冲液（pH7.8）及少量石英砂，于研钵中冰浴条件下研磨成匀浆，4℃10 000r/min，离心 15min，取上清作为供试酶液，冰浴中保存，用于 SOD 活性测定。

3ml 反应体系中含甲硫氨酸 13μmol/L，氯化硝基四氮唑蓝（NBT）63μmol/L，50mmol/L 磷酸缓冲液（pH7.8）。加入适量酶液后，于光强度 4000lx 日光灯下光照 15min，测定 560nm 的吸光值，以黑暗中放置相同时间加酶液的管为对照空白调零。SOD 抑制此反应。

酶活单位采用抑制 NBT 光还原 50% 的酶用量为 1 个酶活单位。

（5）光合速率、气孔阻力和蒸腾速率：美国产 LI-6200 型便携式光合仪活体测定。

5.2 结果与分析

5.2.1 产量构成因素与稻谷产量的关系

产量及有关性状的调查结果见表 5-1。

5.2.1.1 每公顷穗数

方差分析结果表明，品种间产量差异达极显著水平。回归分析结果表明，穗数与产量呈极显著的二次曲线关系，且存在最适穗数，为每公顷 340.5 万（表 5-2）。单位面积穗数的多少是由品种分蘖力大小决定的，分蘖力强的品种，如辽粳 5 号、秋光、奥羽 316 和农林 315 等，每公顷穗数均在 375.0 万～450.0 万，但产量却比沈农 8714、沈农 8801 和辽粳 326 这类分蘖力中等偏强的品种产量低（表 5-1）。所以，在栽培过程中应根据不同品种的适宜密度、吸肥和耐肥特性进行合理的肥料运筹。

表 5-1 不同粳稻群体产量及主要农艺性状值

品种	产量/t	穗数/10⁶	每穗颖花数	每穗成粒数	成粒率/%	千粒重/g	一次枝梗数	二次枝梗数	抽穗期
沈农 8714	9.05	3.44	124.3	111.8	90.1	26.1	11.2	22.1	8.10
沈农 8801	8.88	3.09	124.7	114.6	92.5	28.8	12.1	20.4	8.10
笹 A/8142	8.71	2.79	159.6	106.5	67.0	27.0	12.7	29.2	8.12
高优 2 号	8.38	3.27	109.5	101.9	93.1	27.9	10.0	18.1	8.9
辽粳 326	8.33	3.09	144.6	123.1	85.6	25.1	12.3	25.1	8.10
沈农 8718	8.30	3.05	128.9	118.4	92.0	26.3	10.1	23.9	8.7

续表

品种	产量/t	穗数/10⁶	每穗颖花数	每穗成粒数	成粒率/%	千粒重/g	一次枝梗数	二次枝梗数	抽穗期
奥羽316	8.07	3.95	130.6	103.5	79.5	22.8	11.3	21.8	8.11
辽开79	7.91	3.72	108.3	94.1	86.9	28.1	9.2	19.1	8.9
辽粳5号	7.77	3.99	111.2	92.1	82.8	24.1	10.5	17.3	8.10
农林315	7.57	4.55	83.7	77.3	92.4	25.7	9.1	11.6	8.5
秋光	7.53	3.90	98.9	87.2	88.4	25.5	9.5	16.1	8.4

5.2.1.2 每穗颖花数和每穗成粒数

相关分析结果表明，每穗颖花数和每穗成粒数与产量均呈极显著正相关，且与产量呈极显著的直线关系（表5-2）。比较结果表明，因为每穗成粒数-产量直线斜率$b=1.87$；而每穗颖花数-产量直线斜率$b=1.07$。所以增加每穗成粒数比增加每穗颖花数增产效果显著，每穗成粒数与每公顷穗数呈极显著的负相关（$r=-0.862**$），说明穗粒间存在着矛盾。穗数型品种穗较小，如辽粳5号、秋光和农林315等；而分蘖力中等偏强的品种穗较大，如沈农8714、沈农8801、笹A/8142和辽粳326等。所以，从高产角度而言，每穗成粒数对产量的贡献举足轻重，是目前产量进一步提高的主要限制因素，而穗数型品种实现高产难度较大。

表5-2 主要农艺性状与产量的关系方程

农艺性状	方程	r或F值
穗数	$Y=-285.49+74.58x-1.64x^2$	11.45**
每穗颖花数	$Y=420.08+1.07x$	0.6601**
每穗成粒数	$Y=356.73+1.87x$	0.7656**
一次枝梗数	$Y=228.55+19.13x$	0.7122**
二次枝梗数	$Y=450.96+4.78x$	0.6674**

5.2.1.3 成粒率

结果表明高产粳稻群体一般具有较高的成粒率，低产群体成粒率较低。如辽粳5号和奥羽316的成粒率分别为82.8%和79.5%。但低产群体中也有成粒率较高者，如秋光和农林315等。在粳稻高产育种和栽培中要注意成粒率对产量的作用，必须将每穗颖花数和每穗成粒数有机地结合起来，在追求每穗颖花数高的同时，还要兼顾成粒率高。杂交稻笹A/8142产量较高，但成粒率较低，低温年成粒率更低，这与其自身特性有关。所以提高杂交稻产量重中之重的策略是如何提高成粒率，这涉及如何降低不稔粒率和秕粒率。

5.2.1.4 千粒重

千粒重与产量呈极显著正相关,说明千粒重也是限制产量提高的重要因素之一。千粒重是衡量籽粒充实与否及库容大小的标志。产量居前5位的品种千粒重平均为27.0g。而产量居后5位的平均千粒重仅为25.1g。沈农8801、笹A/8142和高优2号千粒重较高,辽粳5号、秋光和奥羽316千粒重较低。

5.2.1.5 一次枝梗数和二次枝梗数

统计分析结果表明一次枝梗数和二次枝梗数与每穗颖花数正相关极显著($r=0.818^{**}$,0.921^{**}),与每穗成粒数也正相关极显著($r=0.734^{**}$,0.863^{**}),与产量呈极显著正相关。产量较高的群体二次枝梗数较多,如笹A/8142、辽粳326、沈农8714和沈农8801等;低产群体二次枝梗数一般较少,辽粳5号和秋光分别为17.3和16.1,农林315仅为11.6。比较分析结果表明,一次枝梗数-产量直线的斜率为$b=19.13$,而二次枝梗数-产量直线的斜率为$b=4.78$(表5-2)。可见增加一次枝梗数增加产量效果比增加二次枝梗数效果显著。所以,通过育种和栽培手段提高一次枝梗数,进而提高二次枝梗数,对粳稻高产更高产意义重大。

5.2.1.6 抽穗期

抽穗期是粳稻一生中最重要的生育时期之一。1994年抽穗期与产量呈极显著正相关($r=0.661^{**}$),抽穗期较晚的中晚熟品种产量较高,如沈农8714、沈农8801、笹A/8142、辽粳326等(表5-1)。而抽穗较早的中熟品种产量较低,如秋光和农林315等。抽穗期与每穗颖花数、一次枝梗数和二次枝梗数呈极显著正相关($r=0.737^{**}$,0.577^{**},0.695^{**})。说明抽穗期越晚,营养生长期越长,促进了光合产物的积累,幼穗分化较充分,枝梗数较多,每穗颖花量较大。抽穗期对每穗成粒数影响差异较大。生育后期光温条件良好,籽粒有充分的时间进行物质积累,所以每穗成粒数多。而生育后期气温偏低,寒流来得早,抽穗期较晚的品种虽然每穗颖花数较高,但每穗成粒数并不明显提高。所以,在引入、选育和推广高产品种时,要特别注意不同地区和不同年度的气候状况,确保新品种充分发挥高产潜力。沈阳地区8月8~10日抽穗较为理想。

5.2.2 高产粳稻群体生理特性研究

5.2.2.1 每穴茎鞘重和单茎茎鞘重

粳稻单茎鞘重对产量形成作用较大。本研究相关分析结果表明,每穴茎鞘重和单茎茎鞘重与产量、每穗颖花数、每穗成粒数、一次枝梗数和二次枝梗数均呈极显著正相关。如产量居前 5 名的沈农 8714、沈农 8801、笹 A/8142、高优 2 号和辽粳 326 平均每穴茎鞘重和单茎茎鞘重分别为 22.46g 和 1.662g，比产量较低的奥羽 316、辽开 79、辽粳 5 号、农林 315 和秋光的平均值分别高 25.1% 和 50.2%（表 5-3）。

5.2.2.2 比叶重

比叶重是指单位叶面积的叶片质量，是衡量叶片质量的重要生理指标。比叶重与每穗成粒数及成粒率呈极显著正相关，说明叶厚有利于光合作用，增加后期干物质积累。比叶重与每公顷穗数呈极显著负相关，说明分蘖力强的群体叶片较薄，而分蘖力中等偏强的群体叶片较厚。产量居前 5 位的群体平均比叶重为 5.83mg/cm²，比分蘖力强而产量较低的群体高 25.4%（表 5-3）。

表 5-3 不同粳稻群体生理性状值

品种	叶面积指数	粒叶比	粒重叶比/(g/cm²)	每穴茎鞘重/g	单茎鞘重/g	比叶重/(mg/cm²)	生物产量/g	谷草比
沈农 8714	4.75	0.98	21.3	25.0	1.53	5.94	73.5	1.23
沈农 8801	4.89	0.78	21.4	24.4	1.90	5.73	78.2	1.14
笹 A/8142	5.07	0.90	16.9	21.1	1.60	4.93	64.2	1.25
高优 2 号	4.82	0.82	18.5	18.7	1.43	5.54	82.2	1.03
辽粳 326	5.33	0.97	18.5	23.1	1.85	5.41	76.0	1.06
沈农 8718	4.28	0.87	20.8	18.1	1.49	5.69	78.5	1.01
奥羽 316	5.70	0.78	14.7	19.5	1.24	4.52	61.9	1.23
辽开 79	5.28	0.81	18.2	20.0	1.25	4.88	67.6	1.05
辽粳 5 号	4.97	0.78	18.5	17.5	1.09	4.86	59.8	1.12
农林 315	4.75	0.74	16.8	16.7	0.92	4.69	57.8	1.09
秋光	4.27	0.82	18.5	16.1	1.03	4.95	56.4	1.27

5.2.2.3 粒叶比和粒重叶比

粒叶比和粒重叶比是衡量粳稻群体"源"、"库"关系的重要指标。由表 5-3 可见，沈农 8714 粒叶比和粒重叶比均最大，产量也最高；沈农 8801 粒叶比虽为 0.78，但粒重叶比却较大，"源"、"库"协调，产量也较高；杂交组合笹 A/8142 粒叶比较大，为 0.90，但成粒率仅为 67.0%，粒重叶比仅为 16.9，说明其"库"过大，而"有效库容"太低，因其千粒重较大，为 27.0g，谷草比为 1.25，"流"较畅，弥补了"有效库容"不足，产量也较高；日本超高产品种奥羽 316 粒叶比为 0.78，粒重叶比仅为 14.7，千粒重为 22.8g，因为其成粒率较低，说明其"库"过大，而"有效库容"过小；又因为 LAI 相对较高，叶片相互遮阳，群体通风透光不好,生物产量低,"源"不足也是奥羽 316 产量较低的原因之一。辽粳 5 号、秋光和农林 315 粒叶比和粒重叶比较小,"库"不足。高优 2 号和沈农 8718"源"、"库"、"流"较协调,但"源"较低,高产更高产途径是适当扩"源";辽粳 326"源"、"库"、"流"也较协调,但灌浆后期若遇低温表现为"流"不畅。

5.2.2.4 生物产量及谷草比

生物产量与产量呈极显著正相关($r=0.489^{**}$),谷草比与产量相关不显著,说明生物产量是限制产量进一步提高的主要因素。如沈农 8714、沈农 8801、笹 A/8142、高优 2 号、辽粳 326 和沈农 8718 平均生物产量为每穴 75.4g,而辽开 79、辽粳 5 号、奥羽 316、秋光和农林 315 平均生物产量为每穴 60.7g,前者比后者高 27.0%。而高产群体和低产群体相比,谷草比差异甚微,这可能与参试品种均为半矮秆有关。但从株型角度而言,沈农 8714、沈农 8801、辽粳 326 和辽粳 5 号等直立穗型品种谷草比要高于高优 2 号、沈农 8718、辽开 79 和农林 315 等弯曲穗型品种。弯曲穗型品种中奥羽 316 和秋光谷草比较大,但终因生物产量低而产量较低(表 5-3)。

5.2.2.5 叶片气孔阻力和蒸腾速率

气孔是植物与外界进行气体交换的门户,它影响着光合、蒸腾、呼吸等生理过程。气孔阻力和气孔导度互为倒数,是衡量气孔状态的重要指标,在植物生理活动中具有重要作用。产量主要是在生育后期形成的,研究不同类型粳稻品种生育后期气孔阻力和蒸腾速率的变化,对研究粳稻产量形成具有重要意义。灌浆期和成熟期测定结果表明,总的趋势是,各品种从灌浆期至成熟期,气孔阻力变大。但两个时期的变化程度不同,沈农 8801、辽粳 454 和奥羽 316 变化较小,秋光、铁粳 4 号和辽粳 326 变化较大。不同时期各品种的气孔阻力差异较大。沈农 8801、铁粳 4 号、辽粳 326 和杂交稻笹 A/8142 气孔阻力小于 0.08s/cm,铁粳 4 号最小,说明这些品种能增加 CO_2 的吸收量,提高光合作用。奥羽 316 和辽粳 454 较大。成熟期沈农 8801 气孔阻力最小,其次为辽粳 454 和杂交稻笹 A/8142,说明它们在成熟期仍能够保持较高 CO_2 的吸收,产量也较高。日本品种秋光成熟期气孔阻力最大,叶片吸收 CO_2 功能下降(图 5-1)。

蒸腾作用是植物吸收水分和矿物质的主要动力,并且粳稻植株正常的蒸腾作用可以降低植株体温,避免阳光直射植株体表面所产生的过热和灼伤现象。不同品种灌浆期的蒸腾速率均高于成熟期。在灌浆期,沈农 8801、辽粳 454、辽粳

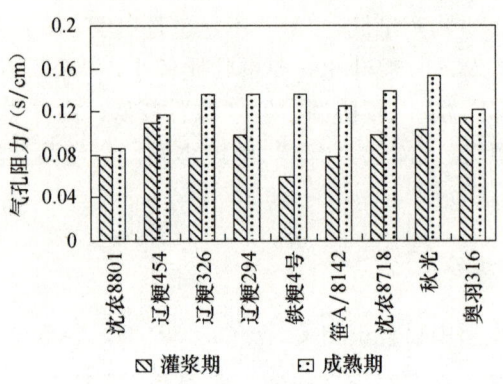

图 5-1 不同品种气孔阻力

294、铁粳 4 号、沈农 8718 的蒸腾速率均达到 45.0μmol/(m²·s)，辽粳 326、秋光和奥羽 316 相对较低（图 5-2）。各品种的产量排序为：沈农 8801、铁粳 4 号、笹 A/8142、辽粳 454、沈农 8718、秋光、辽粳 326、辽粳 294 和奥羽 316，产量分别为 9.9t/hm²、9.5t/hm²、9.47t/hm²、9.17t/hm²、9.1t/hm²、8.67t/hm²、8.64t/hm²、8.0t/hm² 和 8.0t/hm²。

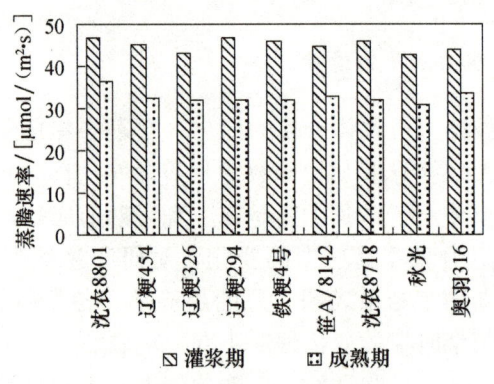

图 5-2 不同品种蒸腾速率

5.2.2.6 不同粳稻品种叶片光合作用的差异

产量主要来自于光合产物，光合作用是粳稻产量形成的物质基础。从光合生产角度而言，光合产物的多少又取决于叶面积、光合效率和光合时间。不同粳稻品种灌浆期和成熟期光合速率测定结果表明，各品种光合速率前期大于后期。在灌浆期，沈农 8801、辽粳 326、铁粳 4 号、沈农 8718 和奥羽 316 光合速率相对较高，笹 A/8142 和秋光相对较低。在成熟期，沈农 8801、辽粳 454、辽粳 294 和沈农 8718 光合速率相对较高，辽粳 326、铁粳 4 号、秋光和奥羽 316 相对较低（图 5-3）。

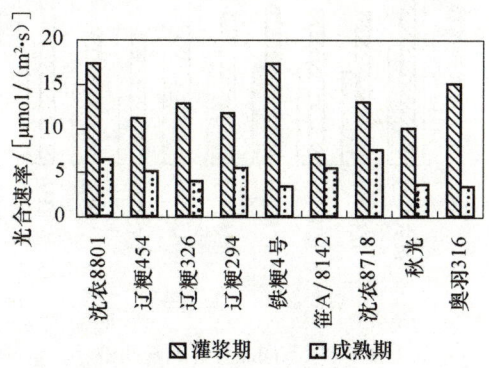

图 5-3 不同粳稻品种光合速率

叶绿素是把光能转化为化学能的物质，叶绿素的含量直接影响光合物质生产能力。测定结果表明，抽穗期秋光叶绿素含量最高，其次为笹 A/8142 和辽粳 454，其他品种叶绿素含量差异不显著。灌浆期秋光和铁粳 4 号叶片叶绿素含量下降较快，其他品种下降较慢。成熟期笹 A/8142、辽粳 454、沈农 8801 和辽粳 326 叶片仍保持较高的叶绿素含量（图 5-4）。其他品种叶绿素含量较低，秋光最低（图 5-4）。

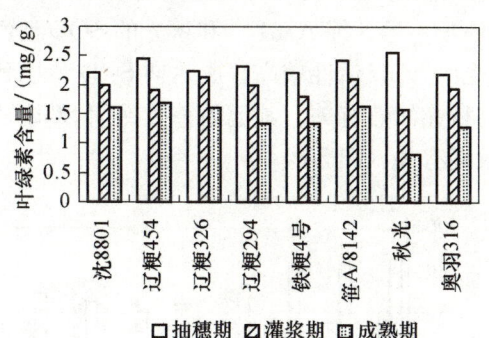

图 5-4 生育后期不同品种叶绿素含量

叶片是作物进行光合作用、蒸腾作用等生理过程的主要器官，叶面积指数是衡量群体大小与优劣的重要生理指标。生育后期具有较高的叶面积指数，是粳稻高产的前提。测定结果表明，在灌浆期，笹 A/8142、奥羽 316 和沈农 8801 叶面积指数最大，而笹 A/8142 和沈农 8801 在成熟期仍具有较高的叶面积指数。日本品种秋光灌浆期和成熟期叶面积指数均较小（图 5-5）。

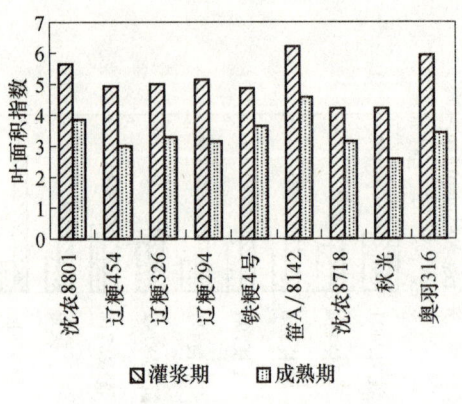

图 5-5 不同品种叶面积指数

5.2.2.7 不同粳稻品种生育后期叶片膜脂过氧化作用

植物在衰老或逆境条件下，细胞内自由基代谢的平衡被破坏，自由基的产生能力大于清除能力，从而引发自由基对细胞膜脂的过氧化作用，使细胞结构和功能遭到破坏。超氧化物歧化酶（SOD）和丙二醛（MDA）是衡量膜脂过氧化的重要指标。MDA 是膜脂过氧化产物，其含量越多，活性氧对膜系统破坏越严重。SOD 是膜系统的保护性酶，活性越大，说明其清除有害自由基的能力越强，细胞功能越趋于稳定。测定结果表明，抽穗期沈农 8801、辽粳 454 和辽粳 326 的 SOD 活性较高，铁粳 4 号、笹 A/8142 和秋光的 SOD 活性较低。灌浆期辽粳 294、铁粳 4 号和秋光的 SOD 活性较高。成熟期 SOD 活性秋光最低，其他品种差异不大。这可能与秋光早熟有关。其他品种成熟期 SOD 活性差异不显著，可能与后期光温条件较好有关（图 5-6）。

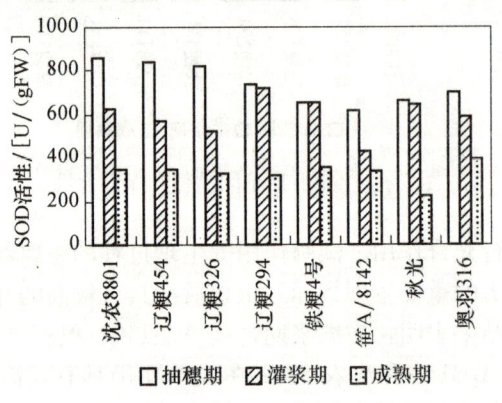

图 5-6 不同粳稻品种 SOD 活性变化

抽穗期沈农 8801、辽粳 326 和笹 A/8142 的 MDA 含量较低，其他品种差异不显著。但随着生育进程的推移，MDA 含量呈增加趋势。辽粳 326、秋光和奥羽 316 的 MDA 含量相对较高。成熟期 MDA 含量品种间差异极显著。铁粳 4 号、笹 A/8142、秋光和奥羽 316 相对较高，而沈农 8801、辽粳 454、辽粳 326 和辽粳 294 较低（图 5-7）。

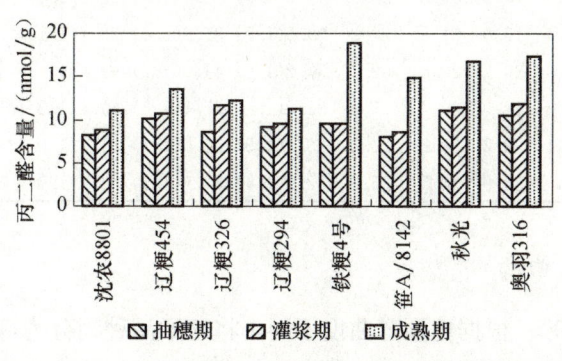

图 5-7 不同品种丙二醛含量变化

5.2.3 高产粳稻群体株型特征的研究

5.2.3.1 株高

本研究所用试材株高均为 90～115cm（表 5-4）。相关分析结果表明，株高与产量相关不显著，说明株高不是限制产量形成的主要因素。株高与每公顷穗数呈极显著负相关，与穗长、成粒率及叶面积指数呈极显著正相关。说明株高较高的品种个体有较大的源和较大的库，比较容易实现高产，如笹 A/8142、沈农 8718 和高优 2 号等。比较结果表明，适当增加直立穗型和弯曲穗品种株高，产量也随之增加。弯曲穗型品种笹 A/8142、沈农 8718 和高优 2 号的平均株高比辽开 79、奥羽 316、秋光和农林 315 平均株高增加 9.9%，平均产量增加 11.4%；直立穗型品种如沈农 8714、沈农 8801 及辽粳 326 平均株高比辽粳 5 号增加 12.5%，产量增加 17.8%。

表 5-4 不同群体形态特征值

品种	株高 /cm	穗颈弯曲度 /(°)	剑叶角 /(°)	倒二叶角 /(°)	倒三叶角 /(°)	剑叶长（宽） /cm	倒二叶长（宽） /cm	倒三叶长（宽） /cm	剑叶面积 /cm²	倒二叶面积 /cm²	倒三叶面积 /cm²
笹 A/8142	114.9	114.3	18.0	23.2	27.2	37.7(1.7)	45.2(1.3)	40.7(1.1)	49.2	43.1	32.1
沈农 8714	94.7	45.1	20.5	24.3	30.3	32.7(1.7)	35.8(1.4)	33.4(1.2)	41.9	36.2	29.1
沈农 8801	101.5	41.3	20.5	22.0	30.3	34.6(1.8)	38.2(1.4)	34.3(1.2)	45.7	40.4	29.6

续表

品种	株高/cm	穗颈弯曲度/(°)	剑叶角/(°)	倒二叶角/(°)	倒三叶角/(°)	剑叶长(宽)/cm	倒二叶长(宽)/cm	倒三叶长(宽)/cm	剑叶面积/cm²	倒二叶面积/cm²	倒三叶面积/cm²
辽粳326	102.7	50.1	18.3	20.6	20.8	26.5(1.9)	35.8(1.5)	37.2(1.3)	36.8	40.3	37.4
沈农8718	114.0	89.5	17.9	24.3	31.0	48.0(1.5)	44.0(1.2)	38.9(1.0)	53.3	39.3	28.9
高优2号	112.0	114.8	18.9	20.8	25.9	41.2(1.5)	42.6(1.2)	36.7(1.0)	47.0	37.4	28.6
辽开79	103.8	97.4	17.9	21.8	27.3	29.5(1.7)	35.8(1.4)	33.7(1.1)	37.4	36.8	28.6
奥羽316	100.8	94.9	20.7	20.6	32.4	37.2(1.8)	44.0(1.2)	41.5(1.1)	43.0	40.6	33.3
辽粳5号	88.5	34.5	18.0	23.2	27.2	32.7(1.6)	37.1(1.3)	34.1(1.2)	39.7	36.5	30.9
秋光	105.7	83.1	32.3	20.2	25.0	28.4(1.5)	36.6(1.1)	35.7(1.0)	32.0	30.5	26.5
农林315	103.2	112.8	34.9	20.5	25.9	27.9(1.4)	37.9(1.1)	36.2(1.0)	33.8	30.7	26.1

5.2.3.2 穗颈弯曲度

徐正进（1990）根据穗颈弯曲度不同，将粳稻品种划分为弯曲穗型、半直立穗型和直立穗型三种类型。按此法将参试品种进行分类比较。比较结果表明，直立穗型品种和弯曲穗型品种在中等肥力条件下均能实现高产。但就平均结果而言，直立穗型品种比弯曲穗型品种增产6.8%。增产的原因是直立穗型品种每穗颖花数和每穗成粒数分别比弯曲穗型品种增加13.4%和14.4%（表5-5）。

表5-5 不同穗型品种产量及产量构成因素

品种类型	品种名称	产量/t	穗数/10⁶	每穗颖花数	每穗成粒数	千粒重/g
直立穗型	沈农8714	9.58	3.81	130.7	115.2	25.7
	沈农8801	9.42	3.21	137.1	120.1	28.1
	辽粳5号	7.77	3.96	111.2	92.1	24.1
	辽粳326	8.52	3.54	153.9	125.0	25.5
	平均	8.82	3.63	133.3	113.1	25.8
弯曲穗型	笹A/8142	9.60	2.58	158.9	115.4	28.2
	沈农8718	8.46	3.18	115.7	108.6	26.2
	高优2号	8.28	3.36	115.2	107.4	28.3
	辽开79	8.22	4.08	110.9	92.2	28.4
	奥羽316	8.06	4.07	136.7	103.3	23.2
	农林315	7.64	4.53	86.7	78.4	26.6
	秋光	7.53	3.90	98.9	87.2	25.5
	平均	8.26	3.68	117.6	98.9	26.6

灰色关联度分析法是一种简便有效的分析方法（何水元和陈顺佳，1992）。对不同穗型品种进行灰色关联度分析，结果表明（表5-6），直立穗型品种关联

度排序为：每穗成粒数＞每穗颖花数＞千粒重＞每公顷穗数；说明直立穗型品种产量与每穗成粒数相关最密切，其次是每穗颖花数、千粒重和每公顷穗数。弯曲穗型品种的关联度排序为：每穗成粒数＞千粒重＞每穗颖花数＞每公顷穗数。弯曲穗型品种产量同样与每穗成粒数相关最密切，其次为千粒重和每穗颖花数，说明千粒重对弯曲穗型品种产量影响较大。每公顷穗数最低，说明每公顷穗数已不是限制弯曲穗型产量的主要因素，这一点与直立穗型品种相同。

表 5-6　不同穗型品种产量与产量构成因素灰色关联度

品种类型	穗数	每穗颖花数	每穗成粒数	千粒重
直立穗型	0.6698	0.7014	0.7632	0.6708
排序	4	2	1	3
弯曲穗型	0.5175	0.8075	0.9003	0.8532
排序	4	3	1	2

5.2.3.3　叶茎角

叶片是粳稻株型的重要组成部分，与产量的关系极为密切。叶片的空间配置是否合理，决定着群体的优劣。相关分析结果表明，剑叶叶茎角与产量、每穗颖花数、每穗成粒数、一次枝梗数及二次枝梗数呈显著或极显著负相关（-0.326^*，-0.389^{**}，-0.340^*，-0.315^*，-0.350^*），倒二叶及倒三叶叶茎角与千粒重呈极显著正相关。说明上部叶片较直立，下部叶片较平展有利于塑造合理的群体结构。比较结果表明，产量居前 5 位品种的平均剑叶、倒二叶和倒三叶叶茎角分别为 20°、25°和 30°。

5.2.3.4　叶长、叶宽及叶面积

相关分析结果表明，上三叶叶长、叶宽和叶面积与产量、每穗颖花数、每穗成粒数和二次枝梗数几乎均呈显著或极显著正相关。各叶宽与产量的相关比叶长密切（表 5-7）。因此，通过栽培和育种途径适当增加上三叶叶宽和叶长有利于形成大穗，进而实现高产。秋光和农林 315 具有松岛所说的"短、直、厚"理想株型，但终因源不足而产量较低。

表 5-7　叶片特征与产量及产量构成因素相关系数

	产量	颖花数	成粒数	二次枝梗数
剑叶长	0.147	0.218	0.323^*	0.300^*
剑叶宽	0.622^{**}	0.569^{**}	0.442^{**}	0.512^{**}
剑叶面积	0.498^{**}	0.525^{**}	0.547^{**}	0.582^{**}
倒二叶长	0.194	0.408^{**}	0.281	0.397^{**}

续表

	产量	颖花数	成粒数	二次枝梗数
倒二叶宽	0.464**	0.470**	0.447**	0.421**
倒二叶面积	0.523**	0.739**	0.620**	0.716**
倒三叶长	0.133	0.472**	0.309*	0.366*
倒三叶宽	0.257	0.388**	0.354**	0.270
倒三叶面积	0.324**	0.647**	0.488**	0.486**

5.3 小　　结

第一，高产群体产量较高的原因是由于育种水平的不断提高，大幅度增加了每穗成粒数，而且每穗成粒数和千粒重无负相关（$r=0.003$），完全可以培育出穗大粒重的品种。但穗大和粒重是有一定限度的。所以在辽宁欲实现粳稻每公顷10～12t产量，产量构成因素拟为为每公顷穗数375万左右，每穗颖花数120～150个，成粒率85%～90%，每穗成粒数110～140个，千粒重25～28g。高产更高产途径是稳穗增粒或穗粒兼顾。

第二，抽穗期与产量关系较复杂。低温年抽穗期与产量呈抛物线，一般在8月8～10日抽穗较为理想。杂交稻抽穗期偏晚，对温度较敏感，低温年每穗成粒数锐减。所以，在低温年，应选择种植抽穗期较早的杂交组合，并在肥、水、密等方面加以调控，克服其弱点，实现高产。

第三，不同类型粳稻品种"源"、"库"、"流"特征也不同。高产粳稻群体要有一个高光效的叶系，也就是说品种本身在抽穗期应有较大的叶面积指数，又有较大的每穗颖花数和每穗成粒数，既能有较大的"源"，又能促进"库"的建成，在生育后期品种本身还应具有较强的抗逆能力，保持"流"的畅通。辽宁省新品种（系和杂交组合）沈农8714、沈农8801、笹A/8142和高优2号等粒/叶比和粒重/叶比均较大，"源"、"库"关系合理，谷草比较大，"流"较畅，产量较高。对照品种辽粳5号和秋光粒/叶比和粒重/叶比均较小，有效库容太低。超高产品种奥羽316每穗颖花数多，而成粒率低，说明其"库"过大，而有效库容过低，不利于高产潜力的发挥。

第四，从物质生产角度而言，欲实现粳稻高产，应该在现有谷草比较大的基础上，努力提高生物产量。生产上应选育叶片较厚，茎秆粗壮，分蘖力中等偏强的品种或杂交组合。直穗型品种如沈农8714、沈农8801、辽粳326和等具有类似特点。杂交稻长势繁茂，而且又具有辽粳5号和秋光等这类品种较高的谷草比，1994年粳稻生育后期光温条件好，容易发挥产量潜力，在品种产量比较中产量跃居第一位。

第五，从光合生产角度而言，高产品种生育后期应该具有较小的气孔阻力，较高的叶片蒸腾速率，较高的叶面积指数，较高的叶绿素含量和光合速率，后期叶片衰老较慢。沈农8801、辽粳454和辽粳326具有这类特点，但品种间各个性状差别较大。杂交稻叶片光合速率较低，但中后期具有较大的叶面积指数，产量较高。秋光叶片叶绿素含量低，中后期叶面积指数小，气孔阻力大，光合速率低，早衰，所以产量较低。奥羽316叶面积指数较大，但因为叶片光合速率较低，产量也较低。

第六，在中等肥力条件下，直立穗型品种和弯曲穗型品种均能获得高产。但就参试品种平均结果来看，新育成的直立穗型品种比弯曲穗型品种增产6.8%，比老直立穗型品种辽粳5号增产17%，增产的主要原因是每穗成粒数显著增多，这是株型改良的重大成果。进一步灰色关联度分析结果表明，限制直立穗型和弯曲穗型粳稻品种产量进一步提高的主要因素同样是每穗成粒数。这既与品种改良有关，又涉及栽培措施的改进，有待于今后进一步研究。

第七，上三叶较长或较宽，都可以形成大穗，从而产量较高。而剑叶宽和倒二叶宽与产量的关系最密切。高产粳稻群体要求剑叶长30～35cm，剑叶宽1.7～1.9cm，倒二叶长35～40cm，倒二叶宽1.3～1.5cm，倒三叶长30～35cm，倒三叶宽1.1～1.3cm。剑叶叶茎角为20°，倒二叶为25°，倒三叶为30°，即上部叶片较直立，下部叶片较平展。

5.4 讨 论

5.4.1 从品种演变看产量三因素在粳稻高产中的作用

粳稻产量是穗数、每穗粒数和粒重的乘积，最早提出这个概念的是英国剑桥大学的育种学家Engledow，1923年在论文"关于禾谷类产量的研究"中把收获物分解为产量构成因素，即产量＝穗数×穗重，或者产量＝穗数×单穗粒数×粒重。他当时提出这个概念的目的是为了便于品种改良。以后，在利用产量构成因素研究栽培技术及进行生长状况预测方面均取得重大进展。我国早在20世纪50年代初期总结群众高产经验和进行栽培研究的实践中也已经广泛应用产量构成因素。但对此进行系统研究的，要首推日本的松岛省三。他在从事粳稻产量的形成和高产研究中，于1957年把产量构成因素发展为：产量＝穗数×单穗粒数×成粒率×粒重。松岛所著的"关于预测粳稻产量作物学研究"一文中，对各产量构成因素的形成时期、形成过程、影响因素、预测指标等作了更为深入的探索和分析，指出了4个因素并不是单独发挥作用，而是互相制约的辩证关系，并且提出了"最适粒数"的概念。粳稻穗粒间存在着矛盾（杨守仁，1980），本研究也得出同样结果。为解决这一矛盾，诸多学者进行了大力探索，提出了许多粳稻育种理论，诸如丛化育种（黄耀祥，1983）、直化育种（刘敬良和杨润卓，1980）、理想株形育种（杨守仁等，1984）、优势利用育种（杨振玉等，1982）、生态育种（张旭等，1991）和生理育种（王永锐，1995）等。这些理论对实现粳稻高产更高产起到了重要的推动作用。高亮之等（1984）研究了北方稻区光能资源后，认为粳稻由低产到中产主要是增加了叶面积指数，而叶面积指数的增加主要依赖穗数的增加；从中产到高产在保证一定穗数的前提下，要促进大穗的形成。纵观我省粳稻品种演进历史，在辽粳5号以前的品种几乎均为穗数型品种，如日本的秋光。栽培措施也以密植为主，每公顷穗数450万～525万，可见穗数在当时产量形成中占有重要地位。但随着粳稻产量水平的不断提高，产量构成也在发生变化。邵国军（1994）对1984年以来辽宁省粳稻新品种产量结构变化进行了分析，认为1984年以来粳稻产量提高10%，栽培和育种贡献各一半，栽培主要提高了结实率而育种则提高了穗粒数和千粒重。本研究通过新老品种比较，结论较一致，即穗数与产量呈负相关，且与产量呈抛物线，说明穗数型品种不利于高产潜力的发挥。每穗颖花数和每穗成粒数与产量呈正相关，说明通过提高穗粒数是高产更高产的有效途径。菲律宾国际粳稻研究所提出新株型稻理论（NPT），将其育种目标规定为：低分蘖少穗，几乎无无效分蘖，平均每穗200～250粒，株高100cm左右，秆粗，秆硬，根系发达，早熟，全生育期110～130天，经济系数在0.6以上，产量潜力每公顷13～15t。新株型稻理论是针对直播栽培而提出的，即使在热带地区也未实际推广应用，所以在北方寒地稻区，单纯依靠大穗增产难度越来越大。因为产量构成因素之间及其与产量的关系是极其复杂的。当产量水平较低时，产量构成因素间的关系不十分密切，既可通过提高其中之一来提高产量，也可通过同时提高多种因素水平大幅度提高产量。但当产量达到较高的水平时，产量构成因素间的制约关系越来越明显。在辽宁欲实现粳稻每公顷10～12t产量，产量构成因素为每公顷穗数375万左右，每穗颖花数120～150，成粒率85%～90%，每穗成粒数110～140，千粒重25～28g。高产更高产途径是稳穗增粒或穗粒兼顾。应用适宜的栽培方式，如大垅双行稀植栽培，可以协调三者的矛盾，使三者的乘积达到最大值。

5.4.2 生物产量和经济系数在粳稻产量形成中的作用

从物质生产的角度看，产量为生物产量与经济系数之积。人们认为，粳稻矮化育种的成就之一是提高了经济系数，被誉为"奇迹稻"的半矮秆品种IR8的谷草比为1.0左右，其亲本高秆品种Peta的谷草比只有0.5。本研究结果是，所有参试品种的谷草比均在1.0以上，谷草比与产量无显著相关，即谷草比已不是限制产量提高的主要因素。生物产量却与产量正相关极显著，所以高产更高产应努力提高生物产量。从施肥角度看，从低肥到高肥，随着氮肥施用量的增加，不同类型粳稻品种经济产量和生物产量均呈增加趋势，但经济系数却呈降低趋势，说明随着施肥水平的提高，单纯依靠提高经济系数来增加经济产量的潜力是有限的，生物产量与经济产量的关系密切。从栽培角度看，适宜的栽培方式可以在维持较大经济系数的前提下，通过提高生物产量而实现高产。

5.4.3 粳稻品种的光合特性与高产育种和栽培

众所周知，粳稻产量90%是抽穗后叶片光合作用制造的，所以研究抽穗至成熟期不同粳稻品种的光合生理，对挖掘粳稻增产潜力具有重要意义。由于产量主要来自光合产物，光合产物的多少取决于叶面积、光合效率和光合时间。粳稻品种叶面积指数与粳稻干物质生产和稻谷产量存在密切关系。诸多研究表明，粳稻品种间LAI存在差异，并提出"最适叶面积指数"的概念。说明叶面积指数并非越大越好，过大会造成群体荫蔽，影响光合效率的提高，这是二者呈负相关的原因。高产粳稻群体追求的不是最大叶面积指数，而是最适叶面积指数维持的时间越长越好（王伯伦，1993）。影响叶面积指数的因素很多，除品种本身特性如叶形、穗型和分蘖特性外，栽培措施对其影响较大。

光合速率是研究光合作用的一个重要指标。高光效育种即通过提高单叶光合速率来提高光能转化率，从而提高粳稻产量的一种育种方法。显然较高的光合速率在粳稻高产育种和栽培中占有重要地位。虽然说作物光合速率不是粳稻高产的唯一因素，但在粳稻育种中，选择叶片净同化率高的品种或品系，是实现高产育种总目标的一条重要因素。所以从单叶净同化率的这一指标出发，对选择高产品种是极其必要的。如果说粳稻的株型状况很好，矮秆、叶直、叶开张角小、穗子直立，但如果叶片的光合速率低，捕获太阳光能少，所制造的光合产物不多，是不能达到高产的。我们的研究表明，沈农8801在产量评比中产量最高，原因是灌浆期至成熟期气孔阻力较低，蒸腾速率较大，后期光合速率也较高，能维持较高的叶面积指数，灌浆期叶绿素含量较高，成熟期丙二醛含量较低，叶片不早衰。日本超高产品种奥羽316虽然后期有较高的叶面积指数，但因气孔阻力大，光合速率低，成熟期丙二醛含量较高，叶片早衰，产量较低。所以光合速率受多种因素的影响，就叶片本身而言，除叶角、叶形、气孔阻力、蒸腾速率、叶绿素含量对其有影响外，叶片的抗逆能力（如抗衰老、抗旱、抗低温冷害等）也影响其作用的发挥。

粳稻高产育种可分为三个发展阶段：一是矮秆粳稻育种阶段，二是理想株形育种阶段，三是理想株型与优势利用相结合。在育种实践中，高光效育种必须与矮秆理想株型育种和优势利用相结合，高光效育种与生物技术相结合，将C4作物中的高光效基因通过转基因技术转移到粳稻中去。

欲实现粳稻高产，还需要良种和良法相结合。目前生产上应用的高新技术如粳稻抛秧栽培、大垅双行栽培、超稀植栽培等，虽然在有些方面还需要改善，但人们最终目的是通过适宜的栽培方法，最大程度协调叶面积指数与光合效率的矛盾，使乘积达到最大值。EM 及植物生长调节剂在粳稻生产上的应用，归根结底都是为了达到这一目的。

5.4.4 高产粳稻品种的株型特征

5.4.4.1 关于株高

粳稻株高与产量的形成关系密切。自 20 世纪 60 年代以来，粳稻矮化育种对粳稻增产曾经起过重大的推动作用，具有耐肥抗倒，适于密植以及谷草比大等三大特点（杨守仁，1980）。对于粳稻的株高，目前较一致的看法是株高为 90～110cm 的半矮秆品种更容易实现穗大粒多，提高生物产量和谷粒产量。目前，世界上 60％的粳稻种植面积种植类似于 IR8 品种的半矮秆粳稻品种，这些品种的产量占 80％以上。欲实现粳稻高产，主要途径是在较高的经济系数前提下，获得较高的生物产量。株高通常与生物产量呈正相关，适当增加株高，可以增加生物产量。但也并非株高越高越好，孙旭初（1987）认为，株高在 106cm 以下，随着高度的上升，产量有增加趋势，但超过 106cm，不但对增产无益，还会引起倒伏。抗倒伏力与株高的平方呈反比（杨守仁，1980）。可见，进行品种抗倒伏能力的研究是十分必要的。本研究结果表明，株高为 90～115cm 的直立穗型和弯曲穗型品种都可获得高产，但株高最好不要超过 115cm。直立穗型品种重心偏移较小，目前诸如辽粳 326、辽粳 454 和沈农 8801 等直立穗型品种的抗倒伏性明显优于弯曲穗型品种，在这方面可能比弯曲穗型品种具有更大的增产潜力。

5.4.4.2 关于穗型

徐正进等对直立穗型和弯曲穗型粳稻群体的受光特点进行了较细致的研究，认为直立穗型品种有利于粳稻群体的光能利用，而弯曲穗型品种虽然能降低穗的相对位置，但此作用是有限的，而且随着穗的弯曲，穗遮光面积迅速增加，穗位以下的光照条件恶化，对群体的光能利用得不偿失（徐正进等，1990）。徐正进认为直立穗型品种在保证单位面积颖花数的基础上能减少穗的遮光而又不影响穗本身的受光量，进一步提高抽穗后冠层光合效率，是今后株型改良的方向（徐正进，1996）。本文研究结果表明粳稻穗型受肥力影响变化较大。在个体栽培条件下，直立穗型品种和弯曲穗型品种穗颈弯曲度随着氮肥施用量的增加而增大，产量因库容小而低于弯曲穗型品种。在群体栽培条件下，中等肥力条件直立穗型平均产量与弯曲穗型无明显差别。灰色关联度分析表明，直立穗型品种产量与每穗成粒数相关最密切,其次是每穗颖花数、千粒重和每公顷穗数。弯曲穗型品种产量同样与每穗成粒数相关最密切,其次为千粒重和每穗颖花数,说明千粒重对弯曲穗型品种产量影响较大。每公顷穗数最低,说明每公顷穗数已不是限制弯曲穗型产量的主要因素,这一点与直立穗型品种相同。对穗的形态与机能的研究,远远不能停留在某一时期,而应该应用动态的观点,在抽穗期至成熟期的各个时期研究不同穗型品种穗型的变化对群体的光分布的影响。目前辽宁省推广应用的品种 80% 为半直立穗型品种,这是粳稻株型改良由弯曲穗型向直立穗型发展后的一个新动向,将来有必要从机理上加以深入研究。

5.4.4.3 关于叶形

松岛省三认为粳稻理想株型要求上部叶片"短、直、厚",但这种提法未必适合我省粳稻高产的要求,如秋光和农林 315 等穗数型品种产量潜力并不大。王伯伦(1992)认为应该用动态的观点认识理想株型对产量形成的作用,认为理想株型品种前期株型较分散,即茎集散较大,中后期株型紧凑,有利于提高粳稻群体的光能利用。颜振德认为籽粒的形成过程与剑叶和倒二叶的伸长是同步的。本研究结果表明,上三叶较长或较宽,都可以形成大穗,从而产量较高。而剑叶宽和倒二叶宽与产量的关系最密切。高产粳稻群体要求剑叶长 30~35cm,剑叶宽 1.7~1.9cm,倒二叶长 35~40cm,倒二叶宽 1.3~1.5cm,倒三叶长 30~35cm,倒三叶宽 1.1~1.3cm。剑叶叶茎角为 20°,倒二叶为 25°,倒三叶为 30°,即上部叶片较直立,下部叶片较平展。

第三篇　粳稻生理与品质形成

第6章 辽宁省粳稻品种品质特点

6.1 材料与方法

6.1.1 试验材料

以辽宁省粳稻区试网为依托,选取 2002、2003 年参加省区域试验的部分品种(系)为试材(表 6-1),2002 年,中熟组试点选择沈阳农业大学、开原、铁岭和辽中,中晚熟组试点为沈阳农业大学、盘锦、辽阳和海城;2003 年中熟组试点选择沈阳农业大学、开原、铁岭、苏家屯和盘锦,中晚熟组试点为沈阳农业大学、盘锦、海城、苏家屯和瓦房店等地。

表6-1 辽宁省2002年和2003年粳稻区试新品(种)系

2002 新品系	中熟组	沈农 0120	沈农 9562	辽糯 64	铁 9466	盛京 6 号	沈农 9712
		高优 2 号	辽 912	东亚 419	辽 415	9632	辽盐 16(对照)
	中晚熟组	辽 2096	盐 68	盘 96-20	盛京 3 号	盐 122	9681
		辽 263	沈农 0115	高优 35	沈农 410	东亚 434	辽 138
		沈农 9624	富禾三号	辽盐 39	辽优 9 号	3015	沈农 9734
		沈农 01606	辽优 3072	丰民 2101	盐 34	辽 303	1052
		盐 157	辽粳 294(对照)				
2003 新品系	中熟组	辽糯 64	辽 912	铁 9634	沈农 15-2	雨田 101	辽农 21
		沈农 0266	沈试 2 号	沈农 96392	LDC285	辽盐 98	七星 1 号
		铁 9466	辽盐 16(对照)				
	中晚熟组	9681	辽粳 294	丰民 2102	沈农 9624	东亚 434	辽 138
		雨田 108	辽 263	沈农 0299	苏粳 3 号	沈农 329	辽农 268
		辽盐 166	花粳 8 号	珍优 2 号	辽优 2006	LDC32	盐 34
		辽农 17	LDC9466	农大 62	沈农 01606	沈农 9734	辽优 3072
		盐优 8 号	辽粳 294(对照)				

6.1.2 方法

6.1.2.1 田间试验与考种

两年试验均按统一的试验方案进行,田间采用随机区组设计,4 次重复,小区面积 8m² 以上，所有品种各试点同期播种、移栽、施肥，栽培措施与大田生产相同。收获时，每小区中间取 6 穴的总穗数，进行室内产量性状考种并以其为试材测定稻米品质。

6.1.2.2 稻米品质测定

（1）米粒长、宽、粒形的测定：从整精米样品中随机取出整精米 20 粒用测微尺分别测量其长度、宽度，计算粒形（长/宽），重复 2 次。

（2）垩白测定：从整精米样品中随机取出整精米 100 粒，在下有 60W 白炽灯的玻璃板上目测垩白粒数，计算垩白粒率；垩白度利用萧浪涛等（2001）的软件进行测定。

（3）糙米率、精米率和整米率的测定：按农业部 NY147-88 进行。

（4）胶稠度的测定：按农业部 NY147-88 进行。

（5）直链淀粉含量测定：2002 年采用简易碘蓝法测定，2003 年在 Kett 公司生产的稻米成分分析仪 AN-700 型（辽宁省稻作所）上测定。

（6）蛋白质含量的测定：2003 年利用同上仪器（辽宁省稻作所）测定。

6.2 结果与分析

6.2.1 不同类型粳稻稻米品质及经济性状概况

6.2.1.1 稻米品质分析

由表 6-2 可见，不同品质性状间的变异系数存在着很大的差异，从大到小依次为：垩白度＞垩白率＞直链淀粉＞胶稠度＞粒形＞粒长＞整米率＞精米率＞糙米率，即品种间稻米品质差异主要表现在外观与直链淀粉含量上。与农业部优质食用稻米标准比较，糙米率能达优质 2 级以上。精米率和整米率绝大部分能达到优质 1 级。粒长和粒形绝大部分能达到优质，但垩白率高，所研究的 36 个品种中，垩白率＜5％的仅有 10 个，直链淀粉达到部优 1 级的有 26 个，剩下达到部优 2 级。胶稠度达到部优 1 级的有 22 个，达到部优 2 级的有 11 个，仍有 5 个未达到部优 2 级。

表 6-2 2002 年中熟组和中晚熟组新品种（系）稻米品质

		糙米率	精米率	整米率	粒长	粒形	垩白率	垩白度	胶稠度	直链淀粉
中熟组	平均	81.76	73.44	67.26	5.15	1.85	13.30	1.20	71.55	16.26
	标准差	0.80	1.26	4.41	0.32	0.13	5.20	0.51	10.13	4.71
	变异系数	0.98	1.71	6.55	6.16	7.07	39.08	42.33	14.16	28.98

续表

		糙米率	精米率	整米率	粒长	粒形	垩白率	垩白度	胶稠度	直链淀粉
中晚熟组	平均	81.99	73.92	66.26	5.12	1.84	13.40	1.35	71.72	17.43
	标准差	0.75	1.42	3.19	0.30	0.17	11.59	1.26	10.24	1.17
	变异系数	0.91	1.93	4.81	5.93	9.21	86.52	93.32	14.28	6.74

分析表 6-3 可以看出，2003 年各供试品种（系）稻米品质性状的变异系数差异也较大，其中垩白率、垩白度变异系数最大。与农业部优质食用稻米标准比较，糙米率、精米率和整米率绝大部分能达到优质 1 级。粒长和粒形绝大部分能达到优质，但垩白率高，在所研究的 36 个品种（系）中，垩白率＜5% 的仅有 8 个，米粒长度＞5.0mm 的有 14 个，没达到总数的一半。直链淀粉全部达到部优 1 级。胶稠度达到部优 1 级的有 33 个，其余达到部优 2 级。

表 6-3　2003 年中熟组和中晚熟组新品（种）系稻米品质

		糙米率	精米率	整米率	粒长	粒形	垩白率	垩白度	胶稠度	直链淀粉	蛋白质
中熟组	平均	82.13	74.12	61.72	4.95	1.83	12.75	1.5	77	16.64	8.63
	标准差	0.94	1.28	6.38	0.22	0.14	9.34	1.3	8.3	0.82	0.48
	变异系数	1.15	1.73	10.33	4.39	7.84	73.23	86.79	10.78	4.93	5.60
中晚熟组	平均	82.69	74.07	66.67	4.97	1.84	14.27	1.65	77.35	15.8	8.63
	标准差	0.86	1.33	2.91	0.3	0.21	11.44	1.32	7.27	1.46	0.76
	变异系数	1.04	1.8	4.37	6.11	11.4	80.14	80.15	9.4	9.27	8.80

与 2002 年相比，中熟品种（系）的垩白率、垩白度明显增高，而中晚熟品种（系）却有所下降；不论是中熟品种（系）还是中晚熟品种（系）直链淀粉均达到部优 1 级，胶稠度达到部优 1 级的品种（系）明显增多；粒形则均有不同程度的增加；而粒长明显缩短，未达到部优级的明显增多；碾磨品质中糙米率有很大改观，都达到部优 1 级，精米率和整米率两项指标变化不大。

以上分析表明，辽宁省近年育成的新品种（系）米质状况总体较好，但需要进一步改进外观品质。

6.2.1.2　经济性状分析

对 2002 年各供试品种（系）的经济性状进行分析（表 6-4），结果表明，除中熟品种（系）和中晚熟品种（系）在粒数/穗及中晚熟品种（系）在穗数/穴上差异较大外，其他变异系数差异不明显。结实率均超过粳米的全国平均水平（粳稻结实率＞75%）。

表 6-4　2002 年中熟组和中晚熟组新品种（系）经济性状表现

		全生育期/天	每穴穗数	株高/cm	每穗粒数	结实率/%	千粒重/g
中熟组	平均	154.73	16.09	100.23	122.61	84.60	25.78
	标准差	0.75	1.20	3.88	14.96	6.06	1.36
	变异系数	0.48	7.46	3.87	12.20	7.17	5.26
中晚熟组	平均	159.86	16.11	102.45	108.56	87.76	25.94
	标准差	1.01	2.31	5.46	21.21	3.80	1.11
	变异系数	0.63	14.36	5.33	19.54	4.33	4.29

由表 6-5 可见，2003 年各供试品种经济性状的变异系数差异仍然在每穗粒数和每穴穗数上差异较大，这说明粒数和穗数是影响最终产量的两大因素。这意味着在实际育种过程中，在其他指标相近的条件下，应尽量选择大穗和多穗品种。

表 6-5　2003 年中熟组和中晚熟组新品种（系）经济性状表现

		全生育期/天	每穴穗数	株高/cm	每穗粒数	结实率/%	千粒重/g
中熟组	平均	154.08	16.94	101.93	119.92	87.17	24.15
	标准差	1.14	1.53	8.39	13.72	4.50	1.36
	变异系数	0.74	9.05	8.23	11.44	5.16	5.62
中晚熟组	平均	160.70	15.07	105.99	120.48	89.02	25.14
	标准差	1.46	1.43	5.72	15.88	4.52	0.92
	变异系数	0.91	9.50	5.40	13.18	5.08	3.66

6.2.2　品质性状与经济性状的关系

从表 6-6 可以看出稻米品质性状之间有一定的相关性。糙米率与精米率、直链淀粉含量分别达极显著正相关，相关系数分别为 0.7917 和 0.4506，说明糙米率与精米率高的粳米的直链淀粉含量高；粒长与粒形、直链淀粉含量分别达极显著正相关和负相关，表明粒长越长，直链淀粉越少；垩白率与垩白度呈极显著正相关；垩白率与胶稠度呈极显著负相关，说明垩白大，外观品质差的粳米米饭较硬。理论上蒸煮食味品质性状之间有显著相关性，但本实验证明相关不显著，这可能是由于辽宁省粳稻品种在这些性状上差异较小。在所有的稻米品质性状中，仅有整米率一项不与任何米质性状的偏相关系数达显著水平。

表 6-6　品种（系）品质性状间偏相关

	精米率	整米率	粒长	粒形	垩白率	垩白度	胶稠度	直链淀粉
糙米率	0.7917**	−0.0899	0.2773*	−0.2803*	0.2633*	−0.2555*	0.2970*	0.4056**
精米率		0.1844	−0.1083	0.0684	−0.2684*	0.1962	−0.3158*	−0.1460

续表

	精米率	整米率	粒长	粒形	垩白率	垩白度	胶稠度	直链淀粉
整米率			0.1956	−0.1452	0.2019	−0.2185	0.0990	0.1434
粒长				0.9003**	−0.1167	0.1563	0.0106	−0.6241**
粒形					−0.0029	−0.0530	0.0631	0.5420**
垩白率						0.9311**	−0.3284**	−0.2218
垩白度							0.2902	0.2798*
胶稠度								0.0799

*和**分别为达到 0.05 和 0.01 显著水平

表 6-7 品种（系）经济性状间偏相关

	每穴穗数	株高	每穗粒数	结实率	千粒重
全生育期	−0.2390	0.2897*	−0.2794*	0.0606	−0.0279
每穴穗数		−0.0505	−0.5020**	−0.1111	−0.3430**
株高			0.2575*	−0.1217	0.0406
每穗粒数				−0.3601**	−0.2073
结实率					0.1564

*和**分别为达到 0.05 和 0.01 显著水平

由表 6-7 可见，每穗粒数与每穴穗数、结实率与每穗粒数、千粒重与每穴穗数呈极显著负相关，株高与全生育期及每穗粒数呈显著正相关，但全生育期与每穗粒数呈显著负相关。每穗粒数与每穴穗数都是构成产量的要素之一，二者呈极显著负相关，说明株穗数、穗粒数对高产有贡献，但二者存在矛盾，单株穗数的增加，要影响穗粒数，使穗粒数下降，反之穗粒数增加也要使株穗数减少。可见高产原则上要追求多穗、大穗，但二者存在很大的矛盾，要想真正地达到高产二者必需协调。尽可能在稳定较多穗基础上追求大穗、大粒。多年以来，育种工作者正在朝这个方向努力，且已经取得很大进展。

由表 6-8 可见，全生育期与整米率、株高与精米率、直链淀粉与结实率、粒数/穗与粒形、千粒重与粒长呈极显著正相关，每穗粒数与粒长、千粒重与粒形及直链淀粉呈极显著负相关。

碾磨品质与种子的表皮细胞结构有关，而种子表皮细胞结构与植株形态有关，植株高、穗角大、穗颈长、生物产量高的株型的表皮细胞特点可能有利于提高精米率。整米率与全生育期正相关，这说明生育期长，籽粒灌浆相对较长，从而造成籽粒质地发生变化，机械强度较大，整米率提高。因此碾磨品质的改良要注意与株型的协调。

表 6-8 品种品质性状与经济性状间偏相关

	全生育期	每穴穗数	株高	每穗粒数	结实率	千粒重
糙米率	0.1661	0.0834	−0.3094*	0.1668	−0.0566	0.2679*
精米率	−0.2037	−0.0276	0.3786**	−0.1662	−0.0448	0.0049
整米率	0.3643**	0.1215	−0.0412	0.0549	−0.3340**	−0.1249
粒长	−0.1548	−0.1560	0.1960	−0.4359**	−0.1419	0.4381**
粒形	0.1011	0.1246	−0.0100	0.3684**	0.2349	−0.4636**
垩白率	−0.0273	0.1201	0.0784	0.1597	0.0186	0.3073*
垩白度	0.0716	0.0305	0.0037	−0.0553	−0.1233	−0.2188
胶稠度	0.0250	0.0344	−0.0724	0.1165	−0.1322	0.1402
直链淀粉	0.0865	−0.2690*	0.4157**	−0.2151	0.3797**	−0.3755**

* 和 ** 分别为达到 0.05 和 0.01 显著水平

6.2.3 品质性状的主成分分析

为了能充分表达食用稻米品质的信息，本文对稻米品质的 9 个指标进行主成分分析，计算出相关矩阵 R 的特征根 λ 和相应的特征向量，以特征根大于 1 为标准，作为稻米品质的主成分，共入选 4 个主成分，对综合米质的累计贡献率为 80.2866%。结果见表 6-9。

从表 6-9 可以看出，第一主成分的特征向量是以垩白度的正值为最大 (0.6548)，称之为垩白因子，其次是碾磨加工因子糙米率和精米率，分别为 0.5219 和 0.4611。由此可以看出，如果片面地强调高的糙米率和精米率，必将会带来较大的垩白，不利于外观品质的提高。在碾磨加工因子中整米率值相对较低，这提示我们在育种时，不宜片面追求过高的糙米率和精米率。第二主成分的特征向量反映了籽粒形状的特性，以粒形的负值为最大 (−0.3288)。第三主成分的特征向量以粒长的正值为最大 (0.5353)。第四主成分的特征向量以胶稠度的负值为最大 (−0.6022)，其次是直链淀粉 (0.3057)，这说明在提高稻米品质时，主成分因子 λ_4 越小越好。

以上四个主成分的累积贡献率达 80.2866%，说明用这四个主成分能较好地代替以上 9 个理化指标来对食用稻米品质进行评价。

表 6-9 入选的特征根及特征向量

	项目	λ_1	λ_2	λ_3	λ_4
特征向量	特征根	2.4538	2.2068	1.4837	1.0816
	贡献率	27.2648	24.5194	16.4852	12.0173
	累计贡献率/%	27.2648	51.7842	68.2694	80.2866

续表

	项目	λ_1	λ_2	λ_3	λ_4
特征向量	糙米率	0.5219	0.1243	0.1807	−0.3354
	精米率	0.4611	0.0807	0.1262	−0.2528
	整米率	0.1025	0.0466	0.1685	0.2722
	粒长	0.1379	0.2999	0.5353	0.2845
	粒形	−0.2837	−0.3288	0.2850	−0.2071
	垩白率	0.3978	−0.1289	0.1226	−0.0077
	垩白度	0.6548	0.1722	0.0059	−0.1687
	胶稠度	0.1111	−0.0083	0.0182	−0.6022
	直链淀粉	−0.2331	0.1748	−0.0695	0.3057
主成分		垩白因子（第一主成分）	粒形因子（第二主成分）	粒长因子（第三主成分）	蒸煮及食味因子（第四主成分）

6.2.4 品质性状的适应性和稳定性

稻米品质性状既受遗传基因的控制，又受环境因素的影响，因而与产量性状一样，对于不同环境条件具有不同的适应性和稳定性。以中晚熟品种为例。

6.2.4.1 不同品质性状对地点及年份的反应

采用品质灰色关联度来分析不同品质性状对地点的反应。灰色关联度的基本思想是根据曲线几何形状的相似程度来判断关联程度。关联度是反映这种密切程度大小的度量，关联度越大，说明因素间关系越密切。

设理想粳米为参考数列 X_0，为了避免"超理想数列"产生，取等于或稍高于参试中各性状的最优性状值，构成 X_0；所有供试地点构成多个被比较数列 X_i，现将各因素试验结果平均值列于表 6-10。

表 6-10 理想粳米和参评各地点粳米的主要品质性状平均值

	糙米率/%	精米率/%	整米率/%	粒长/mm	粒形	垩白度/%	垩白率/%	直链淀粉/%	胶稠度/mm
理想大米 X_0	83	74	72	5	2	1	5	18	85
沈阳 X_1	82.23	72.69	69.13	4.88	1.77	4.08	14.20	16.00	75
瓦房店 X_2	80.52	69.75	64.99	4.90	1.84	3.49	14.35	16.05	68
盘锦 X_3	82.55	72.68	67.47	4.89	1.78	4.26	10.45	15.64	80
苏家屯 X_4	82.36	73.25	71.02	4.83	1.76	5.10	15.25	15.84	73
海城 X_5	82.60	73.33	71.00	4.84	1.78	3.82	15.40	16.28	71

将表 6-10 数据按 $X_i(k)=\dfrac{X'_i(k)-\overline{X_i}}{S_i}$ 标准化处理。$X'_i(k)$ 为各原始数据，$\overline{X_i}$

为同一因素值平均数，S_i 为同一因素值标准差，$X_i(k)$ 为原始数据标准化处理后的结果。将计算结果列于表 6-11。

表 6-11 原始数据标准化结果

	1	2	3	4	5	6	7	8	9
X_0	1.2270	0.9798	0.9249	−0.9155	−0.9979	−1.0254	−0.9155	−0.5584	1.2820
X_1	1.3265	1.0421	0.9356	−0.9813	−1.0743	−1.0054	−0.7033	−0.6498	1.1109
X_2	1.4047	1.0651	0.9148	−0.9809	−1.0774	−1.0253	−0.6827	−0.6290	1.0098
X_3	1.3041	1.0170	0.8652	−0.9565	−1.0465	−0.9745	−0.7942	−0.6433	1.2299
X_4	1.3274	1.0544	0.9875	−0.9950	−1.0872	−0.9869	−0.6830	−0.6653	1.0469
X_5	1.3455	1.0670	0.9998	−0.9895	−1.0812	−1.0198	−0.6722	−0.6460	0.9971

利用表 6-11 数据求参考因素 X_0 与比较因素 X_i 的绝对差值列于表 6-12。

表 6-12 X_0 与 X_i 的绝对差值

	1	2	3	4	5	6	7	8	9
ΔX_1	0.0995	0.0623	0.0108	0.0658	0.0764	0.0200	0.2122	0.0913	0.1710
ΔX_2	0.1777	0.0853	0.0101	0.0654	0.0794	0.0001	0.2329	0.0706	0.2721
ΔX_3	0.0770	0.0371	0.0597	0.0409	0.0485	0.0509	0.1213	0.0848	0.0521
ΔX_4	0.1004	0.0746	0.0627	0.0795	0.0892	0.0385	0.2326	0.1069	0.2350
ΔX_5	0.1185	0.0872	0.0750	0.0739	0.0832	0.0056	0.2433	0.0875	0.2849

利用公式 $\zeta_i(k) = \dfrac{\min\limits_{i}\min\limits_{k}|X_0(k)-X_i(k)| + P\max\limits_{i}\max\limits_{k}|X_0(k)-X_i(k)|}{|X_0(k)-X_i(k)| + P\max\limits_{i}\max\limits_{k}|X_0(k)-X_i(k)|}$

和表 6-12 数据求关联系数。从表 6-12 可知 $\min\limits_{i}\min\limits_{k}|X_0(k)-X_i(k)| = 0.0001$，$\max\limits_{i}\max\limits_{k}|X_0(k)-X_i(k)| = 0.2849$ 将这两个数代入公式，分辨系数 P 取 0.5，则 $\zeta_i(k) = \dfrac{0.0001 + 0.5 \times 0.2849}{\Delta X_i + 0.5 \times 0.2849}$，把表 6-12 中相应数值代入上式，即可得到 X_0 对 X_i 各因素的关联系数。计算结果列于表 6-13。

表 6-13 X_0 对 X_i 的关联系数

	1	2	3	4	5	6	7	8	9
X_1	0.5893	0.6964	0.9306	0.6847	0.6515	0.8776	0.4020	0.6099	0.4548
X_2	0.4453	0.6261	0.9348	0.6861	0.6426	1.0000	0.3799	0.6692	0.3439
X_3	0.6496	0.7939	0.7052	0.7775	0.7465	0.7373	0.5405	0.6273	0.7330
X_4	0.5872	0.6568	0.6951	0.6423	0.6154	0.7877	0.3802	0.5719	0.3777
X_5	0.5463	0.6209	0.6558	0.6589	0.6317	0.9631	0.3696	0.6199	0.3336

将表 6-13 中的各因素的关联系数代入公式 $\gamma_i = \dfrac{1}{N}\sum\limits_{k=1}^{N}\zeta_i(k)$ 中，分别求出 X_i 与 X_0 的关联度，结果见表 6-14。

表 6-14 X_0 对 X_i 的关联度

地点	沈阳	瓦房店	盘锦	苏家屯	海城
关联度	0.6552	0.6364	0.7012	0.5905	0.6000

由表 6-10 和表 6-14 可见，供试品种基因型对地点的反应明显表现出地区间的差异，就所研究的这些性状来看，其中盘锦产的米质关联度最大，为 0.7012，因此盘锦产的大米米质最优，其次是沈阳产的大米。产生这种适应性差异的主要原因可能是，供试组合以中晚熟品种为主，灌浆期间不同地区的生态条件与耕作栽培条件有差异，从而表现出地区间差异。

由表 6-15 可见，不同年份间，不同地区稻米的品质性状表现出明显的差异。与 2002 年相比，2003 年的碾磨品质明显提高。地区间，糙米率和精米率的极差略有缩小，但整米率极差略有增加；直链淀粉含量、垩白率与 2002 年相比，有明显改进，其中垩白率降低 6.66%；粒形略有改变，地区间变异幅度减小。由此可见，2003 年的环境条件有利于稻米品质的形成。

表 6-15 不同品质性状对年份的反应

年份		糙米率/%	精米率/%	整米率/%	直链淀粉/%	垩白率/%	长/mm	粒形
2002	平均	79.52	70.11	66.69	17.41	19.95	5.08	1.88
	极差	4.87	7.30	9.49	4.17	11.01	0.14	0.08
2003	平均	82.26	72.73	67.53	15.71	13.29	4.89	1.84
	极差	4.18	6.61	10.84	1.29	11.16	0.23	0.03

6.2.4.2 品质综合性状的稳定性

有关作物品种稳定性的估测方法很多，现采用 AMMI 模型。AMMI 模型是将方差和主成分分析结合在一个模型中同时具有可加和可乘分量的数学模型，它兼具这两种分析方法的优点，在解决实际问题上有很大的灵活性，在实际应用中对不同特点的数据有较强的适应能力。AMMI 模型为研究具体的基因型与环境互作模式和品种稳定性差异评价提供一条方便的途径。其方程式为：

$$y_{ijk} = \mu + \alpha_i + \beta_j + \sum_{s=1}^{p}\lambda_s \gamma_{is}\delta_{js} + \rho_{ij} + \varepsilon_{ijk}$$
$$I = 1,2,\cdots,G; j = 1,2,\cdots,E;\quad k = 1,2,\cdots,R$$

式中，y_{ijk} 是第 i 品种在 j 环境的第 k 次重复的观察值。加性参数：μ 为总平均，α_i 为第 I 基因型与总平均的离差（即基因型主效应），β_j 为第 j 环境与总平均的离差

（环境主效应）。倍加性参数：λ_s 为第 s 个交互效应主成分轴（IPCA）的奇异值（singular value），γ_{is} 为第 s 轴的基因型特征向量值，δ_{is} 为环境特征向量值，特征向量为标准向量（即长度为 l）且不带单位。倍加性参数的取值为 $\lambda^{0.5}\gamma_i$ 和 $\gamma^{0.5}\delta_j$，分别称为基因型 IPCA 和环境 IPCA，此时，它们的乘积为期望交互效应，而不需乘以相应的奇异值 λ；ρ_{ij} 为提取 ρ 个 IPCA 轴后留下的残差；ε_{ijk} 为试验误差。

将基因型和试点进行常规联合方差分析，对基因型与地点互作显著的性状，用 AMMI 模型进行稳定性分析。本研究取主成分达到 1% 显著水平的 n 个 iPCA 在多维空间离原点的距离作为基因型稳定性的评价指标，记为 D_i，其值越小则品种稳定性越高。其中：

$$D_i = \sqrt{\sum_{s=1}^{n} \gamma_i^2 S}$$

表 6-16 联合方差分析和 AMMI 方差分析

性状		基因型	地点	基因型×地点		AMMI		合并误差
糙米率	SS	34.22	36.53	53.96	38.25	9.93	2.43	3.36
	MS	4.28	5.22	0.96	2.73	0.83	0.24	0.17
	F	25.49**	31.09**	5.74**	16.28**	4.93**	1.45	
精米率	SS	96.60	95.03	405.94	293.14	58.02	29.13	25.65
	MS	12.08	13.58	7.25	20.94	4.83	2.91	1.28
	F	9.42**	10.59**	5.65**	16.33**	3.77**	2.27	
整米率	SS	178.52	253.21	446.44	221.35	89.74	77.55	57.80
	MS	22.32	36.17	7.97	15.81	7.48	7.76	2.89
	F	7.72**	12.52**	2.76**	5.47**	2.59**	2.68	
直链淀粉	SS	24.04	81.81	117.53	90.25	20.35	3.96	2.97
	MS	3.00	11.69	2.10	6.45	1.70	0.40	0.15
	F	20.21**	78.61**	14.12**	43.36**	11.41**	2.66*	
长度	SS	3.57	0.54	5.66	5.12	0.29	0.19	0.06
	MS	0.45	0.08	0.10	0.37	0.02	0.02	0.00
	F	157.40**	27.00**	35.72**	129.20**	8.59**	6.85**	
粒形	SS	0.77	0.05	0.57	0.42	0.08	0.03	0.04
	MS	0.10	0.01	0.01	0.03	0.01	0.00	0.00
	F	47.90**	3.34**	5.06**	15.08**	3.22**	1.37	
垩白率	SS	14109.93	3197.32	4185.55	1869.99	1135.09	759.20	421.27
	MS	1763.74	456.76	74.74	133.57	94.59	75.92	21.06
	F	83.73**	21.68**	3.55**	6.34**	4.49**	3.60**	
垩白度	SS	629.98	257.27	1419.49	869.58	301.50	134.24	114.17
	MS	78.75	36.75	25.35	62.11	25.12	13.42	5.71
	F	13.79**	6.44**	4.44**	10.88**	4.40**	2.35*	

* 和 ** 分别为达到 0.05 和 0.01 显著水平

由表 6-16 可以看出，所有品质性状的基因型、地点效应和基因型×地点互作效应达极显著水平，表明这些性状除受基因型和地点等环境因素的控制外，还受基因型与地点的互作影响，其稳定性评价很有必要。AMMI 方差分析结果表明，粒长和垩白率在 3 个主成分轴（IPCA）均达极显著水平，糙米率、精米率、整米率、粒形、垩白度和直链淀粉在 2 个主成分轴（IPCA）上均达极显著水平，表明可以分别用各基因型在对应显著的 IPCA 上的得分来构建稳定性参数 D_i 值。

表 6-17　各品种（系）品质性状稳定性参数

	V1	V2	V3	V4	V5	V6	V7	V8	V9	平均值
糙米率	2.28	0.94	1.13	0.22	0.44	0.23	0.48	0.28	1.17	0.80
精米率	1.72	1.55	3.68	0.94	0.81	1.03	1.05	0.72	1.27	1.42
整米率	2.78	1.41	1.49	1.76	0.59	2.09	1.23	0.79	1.56	1.52
粒形	0.15	0.08	0.72	0.27	0.05	0.23	0.22	0.08	0.44	0.25
粒长	0.18	0.43	0.38	1.41	0.28	0.34	0.53	0.19	0.63	0.48
垩白度	0.49	0.88	0.88	2.88	3.44	2.77	2.39	2.09	2.67	2.06
垩白率	2.45	1.41	2.18	5.68	1.13	4.34	2.24	2.79	5.15	3.04
直链淀粉	0.16	1.23	1.27	2.57	0.74	0.47	0.60	1.30	1.21	1.06
平均值	1.28	0.99	1.46	1.97	0.94	1.44	1.09	1.03	1.77	1.33

V1：辽粳 294、V2：沈农 9734、V3：沈农 01606、V4：辽优 3072、V5：沈农 9624、V6：东亚 434、V7：辽 263、V8：9681、V9：辽 138

表 6-17 表明，各品质性状之间比较，粒长和粒形最具稳定性，D_i 平均值分别为 0.48 和 0.25，说明粒长和粒形都具有高遗传率，性状遗传作用远大于环境影响。因此这两个性状随栽培地区的变化较小或无。而垩白率和垩白度稳定性最差，D_i 平均值分别为 3.04 和 2.06，说明这两个性状受环境影响较大。其他品质性状居中。稻米品质各性状的稳定性随品种而异，各品种品质性状综合比较，沈农 9624 和沈农 9734 的稳定性最好，D_i 平均值分别为 0.94 和 0.99，而辽优 3072 的稳定性最差，D_i 平均值为 1.97。

综上所述，在优质稻米生产中要注意品质性状的稳定性，选择合适的品种。

6.2.4.3　品质性状稳定性的聚类分析

不同品质性状间的变异系数存在着很大的差异，据此，对各品质性状作聚类分析。分析结果见图 6-1。

结果表明，上述 10 个性状可以划分为 5 类，第 1 类性状包括粒长、粒形、糙米率和精米率，其变异系数均较小，平均值在 2.1%～3.5%，是受气候生态条件影响较小的一类性状，基本上受品种的遗传特征制约，可称为生态稳定性

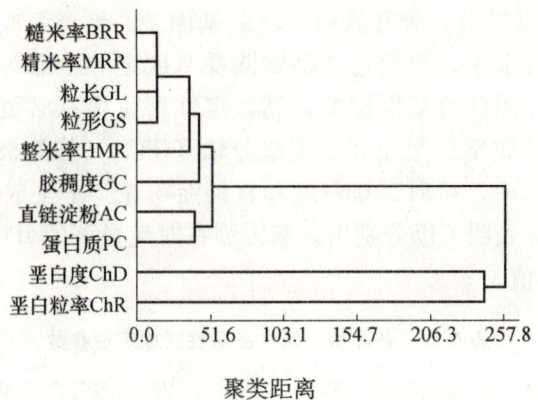

图 6-1 稻米品质性状变异系数的聚类树型图

状;第 2 类是整米率,其变异系数为 7% 左右;第 3 类是胶稠度,变异系数为 12%~16%;第 4 类包括直链淀粉含量和蛋白质含量两个性状,平均值为 6.2%~10.4%;第 5 类是垩白率和垩白度两个性状,其变异系数远远大于前 4 类,平均值为 34.6%~69%,是所有稻米品质性状中对气候生态条件变化反应最敏感的性状,可称为生态敏感性状;第 2 类、第 3 类和第 4 类 4 个性状,其变异系数居各品质性状的中间水平,可统称为中间性状,其性状表现既受品种遗传特征的制约,但又在很大程度上受气候生态因子的影响。

6.3 小　　结

通过对 2002 年和 2003 年辽宁省区试的新品种(系)的稻米品质的研究,得到如下结果:

第一,从 2002 年和 2003 年参加省区试的新品种(系)来看,辽宁省粳稻新品系总体米质较好,大多数品系能达到部优水平,个别的为中等水平,且中晚熟组稻米品质优于中熟组稻米品质。

第二,辽宁省粳稻稻米品质相关主要集中在碾磨品质和外观品质上,其中以糙米率和精米率、垩白率与垩白度、粒长与粒形等相关为主,其次是直链淀粉含量等与碾磨品质和外观品质有一定相关。但蒸煮及食味品质性状中差异较小。

第三,从主成分分析上看,影响辽宁省粳稻稻米品质的主要因子是外观因子,其中以垩白率和垩白度最为重要,其次是粒形。

第四,稻米品质与经济性状有一定的相关性,其中全生育期与整精米率、株高与精米率、直链淀粉与结实率、每穗粒数与长宽比、千粒重与粒长呈极显著正相关,每穗粒数与粒长、千粒重与长宽比及直链淀粉呈极显著负相关。

第五,供试品种基因型对地点的反应明显表现出地区间的差异,其中盘锦产的大米米质最好；基因型×地点互作也能引起米质差异；稻米品质的稳定性随品种而异。

6.4 讨 论

6.4.1 外观品质是影响辽宁省粳稻稻米品质的主要因素

主成分分析表明：影响辽宁省粳稻品质的主要品质因子是外观品质，其中以垩白因子最为重要，其次是粒形因子。这与杨泽民等的研究结果一致，说明外观品质是影响辽宁省粳稻，乃至北方粳稻稻米品质的主要因素。稻米外观品质决定着稻米在市场的价格取向。垩白率高、垩白面积大，影响稻米的透明度，进而影响外观品质。在不同地区，人们对粳米外观的喜好不同，但粒长 5.0mm 以上，色泽晶莹无垩白，颗粒大小均匀一致，得到人们共识。目前我国稻米品质与国外稻米品质相比还存在很大的差距，特别是在外观品质上，国外大多优质米的粒长都在 7mm 以上，而我国米粒长大多为 6～7mm，而北方粳稻米粒长更小；我国稻米的垩白较国外品种也有一定差距。这大大限制了我国稻米在国际市场上的销量，使我国稻米出口量，连年下降，价格也不断降低，在国际市场上失去了竞争能力。在偏相关分析中，我们发现外观品质性状之间相关显著，而且这种相关有利于我们改良外观品质，但经过多年的品质改良，目前稻米外观品质仍然不佳，究其原因可能是缺少有突破性的外观品质基因。吕文彦（2000）曾对辽宁省新品系进行系谱分析，证明大多新品系遗传基础狭窄。辽宁省粳稻稻米品质性状的遗传基础狭窄，促使育种家要想在某一性状上有所突破，必须引入新的基因资源。另外在当今市场上对稻米品质的要求已趋向多元化，对特种稻米、工业用稻米的需求不断增加，这样既要满足食用稻米品质需求，又要满足其他用途的品质需求，面对这种情况，引入新基因资源已经迫在眉睫。目前，国际和国内各省都有不少优质材料，值得在育种中作为优质资源研究和利用。在育种中，通过采用多种方法配制杂交组合，结合物理化学诱变逐步改良的方法，把多个优良性状综合到一个改良材料中，以期选育出适合各种需要的品质优良的粳稻品种。因此改良稻米外观品质，兼顾加工和蒸煮及食味品质，积极引进、利用多种类型的优质资源，以适应市场经济发展的需要，已成为辽宁省粳稻育种刻不容缓的重要目标。

6.4.2 利用 AMMI 模型分析粳稻品种品质的稳定性

粳稻品质育种的最重要目标是培育优质而稳定的粳稻品种。因此分析稻米品质性状的稳定性和适应性非常重要。研究品种稳定性的数学方法和模型很多，如线性回归方法、聚类分析、非参数分析、非线性回归分析、主成分分析和对应分析等，其中，以"Eberhart 和 Russell 模型"为代表的线性回归方法应用最多，它是在假定"品种×环境"互作与环境效应呈线性关系的前提下，根据回归系数 bi（或回归均方）和 Sdi（或离回归均方）这两个参数来确定品种对环境变化的反应。由于它既考虑到线性互作（bi），又反映了非线性互作（Sdi），应用这种方法能够在理论上作出较准确的分析。但是回归模型缺少一个把线性和非线性作用统一起来的指标，使分析具有操作上的难度和误差，特别是在品种多、品种间稳定性差异较小时更难以判断。

在分析品种稳定性的众多模型中，张泽等（1998）、刘文江等（2002）认为 AMMI 模型最佳，该模型集方差分析和主成分分析于一体，将 G×E 互作分解为 p 个乘积项之和，不仅能最大限度地反映互作变异，而且能准确地分析品种稳定性，适应性。其分析结果——p 个 IPCA 值——可以看做该品种 p 维空间的坐标，进而综合为一个指标（如 D_i）。目前已被广泛应用于农作物多年多点产量试验中 G×E 互作的研究（蒋开锋等，2001）。但未见利用该模型研究粳稻品质稳定性的报道。

第 7 章 稻米品质形成生理的比较研究

粳稻籽粒主要是贮藏淀粉的场所，粳稻籽粒的充实过程主要是淀粉的合成与积累过程。近年来，许多研究表明 ADPG 焦磷酸化酶、可溶性淀粉合成酶、Q 酶（或称淀粉分支酶）在淀粉合成中起主要作用，ADPG 焦磷酸化酶是淀粉合成过程中的限速酶。目前，关于不同品种或同品种不同粒位的酶活性动态的差异已经有了较多的报道（程方民等，2001；杨建昌等，2001），但目前对于酶活性动态变化与稻米品质关系的研究还未见报道。而且，酶系统促进淀粉合成的同时也是籽粒灌浆的过程。因此，本试验从不同品种粳稻的灌浆特性、酶的动态变化及其与米质关系三方面着手研究，以期为稻米品质的遗传改良和栽培调控提供一些生理生化方面的理论依据。

7.1 材料与方法

7.1.1 试验材料

试验于 2003 年在沈阳农业大学粳稻原种基地进行。供试品种为直立或半直立穗形杂交稻 9158 和 1052，直立或半直立穗形常规稻辽 263、辽粳 9 号和辽粳 294，弯穗形杂交稻 TA/C418，弯穗形常规稻沈农 315、辽 138。

7.1.2 方法

7.1.2.1 取样

在抽穗开花期，各品种选择长势一致、同日开花的稻穗进行标记，并对标记单株进行如下处理：①疏花。每穗自基部起相间剪去半数枝梗。②剪叶。剪去倒二叶、倒三叶叶片。③对照。不做任何处理。在处理当日，每处理取样 8 穗，用于灌浆初值、蔗糖、淀粉和酶等测定。以后每 3 天取样 1 次，每次每个处理分别取样 8 穗。取样后一部分样品经杀青后，置于烘箱中烘干称重，按柏新付（1989）等的方法分别取下强势粒和弱势粒。另一部分取样后立即经液氮处理供有关酶分析。取样后，剩余标记部分统一收获，用于结实率、千粒重及稻米品质分析。

7.1.2.2 籽粒灌浆动态分析

将烘干的籽粒人工剥去颖壳后称重。参照朱庆森等方法用 Richards 方程进行籽粒灌浆特征分析。

以生长量 W（g/百粒）为依变数、开花后天数 t（开花当日为 0）为自变数，用非线性最小平方法配成 Richards 方程：

$$W = A(1+Be^{-kt})^{-\frac{1}{N}} \tag{1}$$

式中，A、B、K、N 为参数，A 为生长终值量，并用判断系数 R^2（W 依 t 的回归平方和占总平方和的比率）表示其配合适度。

对（1）求一阶导数，可得到生长速率 G［即单位时间的生长量，g/(百粒·日)］依 t 或 W 的方程为：

$$G = \frac{dW}{dt} = \frac{AKBe^{-kt}}{N(1+Be^{-kt})^{(N+1)/N}} = \frac{KW}{N}\left[1-\left(\frac{W}{A}\right)^N\right] \tag{2}$$

相对生长速率 R 依 t 或 W 的方程为：

$$R = \frac{KB}{N(e^{kt}+B)} = \frac{K}{N}\left[1-\left(\frac{W}{A}\right)^N\right] \tag{3}$$

对（1）求二阶导数，可得 G 随时间 t 而改变的速率为：

$$\frac{d^2W}{dt^2} = \frac{AK^2Be^{-kt}}{N^2(1+Be^{-kt})^{(2N+1)/N}}[Be^{-kt}-N] \tag{4}$$

由上述结果可知，Richards 方程实际上是描述 W 随 t 的延长而增加（$G>0$）、且向 A 渐近的一组曲线。在具体分析时用以下次级参数，用于描述灌浆特征：

① 起始生长势 R_0：表示受精子房的生长潜势。令 $W=0$，由（3）可得：

$$R_0 = K/N \tag{5}$$

② 生长速率 G 为最大时的日期 $t_{\max.G}$ 与最大生长速率 $G_{\max}$，令（4）为 0 可得：

$$t_{\max} = \frac{\ln B - \ln N}{K} \tag{6}$$

$t_{\max.G}$ 实际上是方程（1）拐点的 t 坐标值。将 $t_{\max.G}$ 代入（2）即得 $G_{\max}$。

③ 生长速率 G 为最大时的生长量 $W_{\max.G}$ 及其相当于生长终值量 A 的 I(%)，将（6）代入（1）得到：

$$W_{\max.G} = A(N+1)^{-1/N} \tag{7}$$

这是方程（1）拐点的 W 坐标值。

$$I = \frac{W_{\max.G}}{A} \cdot 100\%$$

④ 平均生长率 $\bar{G}$ 是指整个生长过程生长速率的平均数。与活跃生长期 D 对（2）积分得到：

$$\bar{G} = \frac{1}{A}\int_0^A \frac{dW}{dt}dt = \frac{AK}{2(N+2)} \tag{8}$$

活跃生长期 D 为生长终值量 A 除以 $\bar{G}$，即

$$D = \frac{A}{G} = \frac{2(N+2)}{K} \tag{9}$$

据 F. J. Richards 分析在活跃生长期内，大约完成总生长量的 90%。

⑤ 划分灌浆过程的前、中、后期，生长速率方程 G 具有两个拐点，求其对 t 的二阶导数，并令为 0，可得两个拐点在 t 坐标上的值 t_1 和 t_2 为：

$$t_1 = -\ln\left(\frac{N^2 + 3N + N\sqrt{N^2 + 6N + 5}}{2B}\right)/K$$

$$t_2 = -\ln\left(\frac{N^2 + 3N - N\sqrt{N^2 + 6N + 5}}{2B}\right)/K \tag{10}$$

假定达 99%A 时为实际灌浆终期 t_3，依（1）得

$$t_3 = -\ln\frac{\left(\frac{100}{99}\right)^N - 1}{B}/K \tag{11}$$

由此可以确定：前期，$<t_1$；中期（盛期），$t_1 \sim t_2$；后期，$t_2 \sim t_3$。

⑥ 前、中、后期的生长比率，设 t_1、t_2 和 t_3 时的生长量分别为 W_1、W_2 和 W_3，则前、中、后期的生长比率 P_1、P_2 和 P_3 分别为：

$$P_1 = W_1/A, P_2 = (W_2 - W_1)/A, P_3 = (W_3 - W_2)/A \tag{12}$$

7.1.2.3 粳稻胚乳中蔗糖和淀粉的提取和测定

参照何照范编著的《粮油籽粒品质及其分析技术》中蒽酮比色法测定，计算蔗糖和淀粉含量，用于蔗糖和淀粉动态变化分析。

7.1.2.4 籽粒生理活性测定

(1) 蔗糖转化酶活性测定参照植物生理试验手册。取强弱势粒各 10 粒，用 2～3ml 蒸馏水在冰浴中研磨成匀浆，在 12 000 r/min 离心 20min，上清即为粗酶液。取 1ml 粗酶液加入 1ml PBS 缓冲液和 1ml 蔗糖在 37℃ 水浴中反应 30min，取出 1ml 加入 1.5ml 3,5-二硝基水杨酸沸水浴 5min，取出 500μl 加入 4.5 ml 蒸馏水，测定 540nm OD 值，计算葡萄糖含量。

(2) 蔗糖合成酶活性测定参照梁建生等方法。取强弱势粒各 10 粒，人工剥去颖壳后，在预冻的研钵中研磨成粉，加 2ml 提取液 [提取液最终浓度为 100 mmol/L Hepes（pH7.6），5mmol/L DTT，5mmol/L $MgCl_2$，2mmol/L EDTA，0.2%(m/V) PVP]，在 12 000r/min 离心 10min，上清即为粗酶液。取 100μl 粗酶提取液加入 200μl 反应液中 [反应液最终浓度是 100mmol/L Hepes（pH7.5），3mmol/L 乙酸镁，5mmol/L UDP，50mmol/L 蔗糖]，37℃ 反应 30min，取出后按 DNSA 法测定释放的葡萄糖。

(3) ADPG 焦磷酸化酶活性的测定参照 Nakamura 等方法。取强弱势粒各

25粒，人工剥去颖壳后，在预冻的研钵中研磨成粉，加 5ml 提取液［含 100 mmol/L Tricine-NaOH（pH7.5），8mmol/L $MgCl_2$，2mmol/L EDTA，12.5% (V/V) Glycerol，5% (m/V) PVP-40，50mmol/L 2-Mercap-toethanol］磨成匀浆，在 18 000 r/min 离心 10min，收集上清置于冰浴，作为粗酶液备用。

取 $40\mu l$ 粗酶提取液加入 $220\mu l$ 反应液中［反应液最终浓度是 100mmol/L Hepes-NaOH（pH7.4），1.2mmol/L ADPG，3mmol/L PPi，5mmol/L $MgCl_2$，4mmol/L DTT］，30℃反应 20 min 后，沸水终止反应 30s，10 000 r/min 离心 10min，取上清 $200\mu l$ 加 $6\mu l$ 10mmol/L NADP，0.16 单位磷酸葡萄糖变位酶，0.14 单位 G6P-脱氢酶，30℃反应 10min 后，测定 340nm OD 值的变化。

(4) 可溶性淀粉合成酶活性的测定参照 Nakamura 等方法。

可溶性淀粉合成酶粗酶液提取同 ADPG 焦磷酸化酶。

取 $40\mu l$ 粗酶提取液加入 $72\mu l$ 反应液中［反应液最终浓度为 50mmol/L Hepes-NaOH（pH7.4），1.6mmol/L ADPG，1.4mg amylopectin，15mmol/L DTT］，30℃反应 20min 后，沸水终止反应 30s，冰浴中冷却，加 $40\mu l$ 反应液［反应液最终浓度为 50mmol/L Hepes-NaOH（pH7.4），4mmol/L PEP，200mmol/L KCl，10mmol/L $MgCl_2$，0.48 单位 PyruvateKinase］，30℃反应 20min 后，沸水终止反应 30s，10 000 r/min 离心 10min。取上清 $120\mu l$ 与 $86\mu l$ 反应液［反应液最终浓度为 50mmol/L Hepes-NaOH（pH7.4），10mmol/L Glucose，20mmol/L $MgCl_2$，2mmol/L NADP，1.4 单位 Hexokinase，0.35 单位 G6P-dehydrogenase］，30℃反应 10min 后，测定 340nm OD 值变化。

(5) 淀粉分支酶（或称 Q 酶）活性的测定参照李太贵等方法。取强弱势粒各 25 粒，人工剥去颖壳后，在研钵中加入 5ml 0.1 mol/L Na_2HPO_4-柠檬酸缓冲液（pH7.0）冰浴中研磨成匀浆，在 18 000 r/min 离心 20min，上清即为粗酶液。

取 $500\mu l$ 粗酶液，加入 $250\mu l$ 反应液［反应液最终浓度为 0.1 mol/L Na_2HPO_4-柠檬酸缓冲液（pH7.0），0.1 mol/L EDTA，0.75% 可溶性淀粉］，在 37℃水浴中反应 40min，再加 $700\mu l$ 碘液（0.1% I_2 和 1% KI）显色，在 660nm 处测 OD 值，以零时为对照，Q 酶活性以 OD_{660} 下降的百分率表示。

$$OD_{660}(\%) = [(OD_{660} - OD_{660t})/OD_{660}] \times 100$$

7.1.2.5 稻米糊化特性测定

用澳大利亚 Newport 科学食品公司生产的 RVA（Rapid Visco Analyzer，Model3D$^+$）快速测定淀粉黏度特性，并用 TCW（Thermal Cycle for Windows）配套软件分析。测定时，按 AACC（美国谷物化学会）规程 76-21 方法进行。当含水量为 14.0%时，稻米粉的样品量为 3.0g，加蒸馏水 25.0ml。具体加温过程如下：50℃时保持 1min；以恒速升到 95℃（3.8min）；95℃保持 2.5min；再以恒速下降到 50℃（3.8min）；50℃保持 12.5min。搅拌器在起始 10s 内转动速率为 960r/min，之后保持在 160r/min。具体操作时，取各样品精米粉，置恒湿柜调至要求含水量，称量加水测定。

7.1.2.6 稻米品质测定

（1）米粒长、宽、粒形的测定：从整精米样品中随机取出整精米 20 粒用测微尺分别测量其长度、宽度，计算粒形（长/宽），重复 2 次。

（2）垩白测定：从整精米样品中随机取出整精米 100 粒，在下有 60W 白炽灯的玻璃板上目测垩白粒数，计算垩白粒率；垩白度利用萧浪涛（2001）的软件进行测定。

（3）糙米率、精米率和整米率的测定：按农业部 NY147-88 进行。

（4）胶稠度的测定：按农业部 NY147-88 进行。

（5）直链淀粉含量测定：2002 年采用简易碘蓝法测定；2003 年在 Kett 公司生产的稻米成分分析仪 AN—700 型（辽宁省稻作所）上测定。

（6）蛋白质含量的测定：2003 年利用同上仪器（辽宁省稻作所）测定。

7.2 结果与分析

7.2.1 籽粒灌浆特性

7.2.1.1 籽粒灌浆动态分析

图 7-1 表示抽穗后不同粒位于相应处理的籽粒粒重增长情况。从图中可以看出，各品种的总体增重趋势相同，只是增重的幅度和持续的时间因品种而异。从 8 个品种未做处理的籽粒增重曲线看，其中 TA/C 418 在开花后不同时期，籽粒增重均小于其他品种，而辽 138 在开花后不同时期籽粒增重均大于其他品种，最终强、弱势粒千粒重分别达到 25.48g 和 19.5g。在正常相同栽培条件下，各品种籽粒质量的不同，主要是由各品种本身的遗传因素决定的，如品种本身属于大穗型或大粒型，即库容量大。在灌浆前期，强势粒增重迅速，很快达到灌浆高峰，弱势粒则增重缓慢，俟强势粒灌浆高峰过后才迅速增重，且 8 个品种的强势粒增重均大于弱势粒，这主要是由于其着生位置和生理优势决定的。强势粒优先获得灌浆物质，灌浆启动早，结实率高，粒重大；而弱势粒则相反，灌浆启动迟，结实率低，粒重小。作减库处理后，库容减小，源的面积相对增加，同化物的供应比正常情况下更能满足需要，各级籽粒增重趋势明显大于对照，从图 7-1 中可以明显看到这一点。作减源处理后，源的面积减少，库的容积相对变大，同化物的供应远小于正常情况下，因此各级籽粒对灌浆物质的竞争与对照相比变得

更激烈，籽粒增重趋势在不同时期均小于对照。从图 7-1 还可以看出，强、弱势粒的籽粒增重都经历一个从慢到快再到慢的过程，表现出明显的 S 形曲线变化。对照及不同处理的强、弱势籽粒灌浆过程符合 Richards 方程（表 7-1），方程的决定系数均较大。

表 7-1 辽 138 不同处理籽粒增重的 Richards 方程

不同处理	方程	相关系数 R	决定系数 R^2
强势粒对照	$W=\dfrac{2.5863}{(1+2.0113e^{-0.193225t})^{\frac{1}{0.351547}}}$	0.9958	0.9917
强势粒去叶	$W=\dfrac{2.3424}{(1+10.9832e^{-0.242725t})^{\frac{1}{0.885885}}}$	0.9963	0.9926
强势粒去穗	$W=\dfrac{2.7798}{(1+2.2895e^{-0.204685t})^{\frac{1}{0.377321}}}$	0.9969	0.9938
弱势粒对照	$W=\dfrac{1.9085}{(1+1951.0366e^{-0.434796t})^{\frac{1}{2.9682}}}$	0.9965	0.9930
弱势粒去叶	$W=\dfrac{1.8265}{(1+32.8628e^{-0.225617t})^{\frac{1}{1.3191}}}$	0.9954	0.9908
弱势粒去穗	$W=\dfrac{2.0652}{(1+128.4072e^{-0.321980t})^{\frac{1}{1.7537}}}$	0.9962	0.9924

从图 7-2 可以看出，不同品种强、弱势粒灌浆速率曲线为单峰曲线，但品种之间有差异，辽 263 和辽优 1052 强势粒与弱势粒灌浆速率均较大，TA/C 418 的弱势粒灌浆速率明显小于其他品种。8 个品种两段灌浆现象均表现明显。当强势粒处于灌浆速率高峰期时，弱势粒只处于缓步增长期，待强势粒处于灌浆速率低谷或接近灌浆速率低谷时，弱势粒进入灌浆速率高峰期，最终强弱势粒灌浆速率曲线均趋于平缓。强势粒渐增期时间短，而后进入快速增长期；弱势粒的渐增期较强势粒长，且快速增长期在时间上要迟。作减库处理后，对各品种的强势粒影响不大，灌浆速率略有提高，达到最大灌浆速率的时间基本上没有改变，与对照一致，达到灌浆高峰后，灌浆速率下降较快；但对弱势粒的影响却不一样，减库使弱势粒的灌浆得到很大改善，与对照相比，使弱势粒的快速增长期提前 3～6 天，灌浆速率明显提高，这说明适当增大源的面积，扩大同化物质的供应，使弱势粒可以得到充分灌浆，减少空瘪粒，提高结实率。作减源处理后，强势粒仍最先达到灌浆高峰，不过高峰期以后，灌浆速率下降得较缓慢，这可能是灌浆期相对延长的一种表现，因为源面积减少，光合产物的供应减少，籽粒不能在短时间内以较快的速率充分灌浆，所以只能在较低的速率下，通过时间的延长来满足籽粒的灌浆。从图 7-2 还可以看出，减源处理后，同化物供应减少，弱势粒的灌浆很难满足，只有到其他籽粒的灌浆速率全部下降

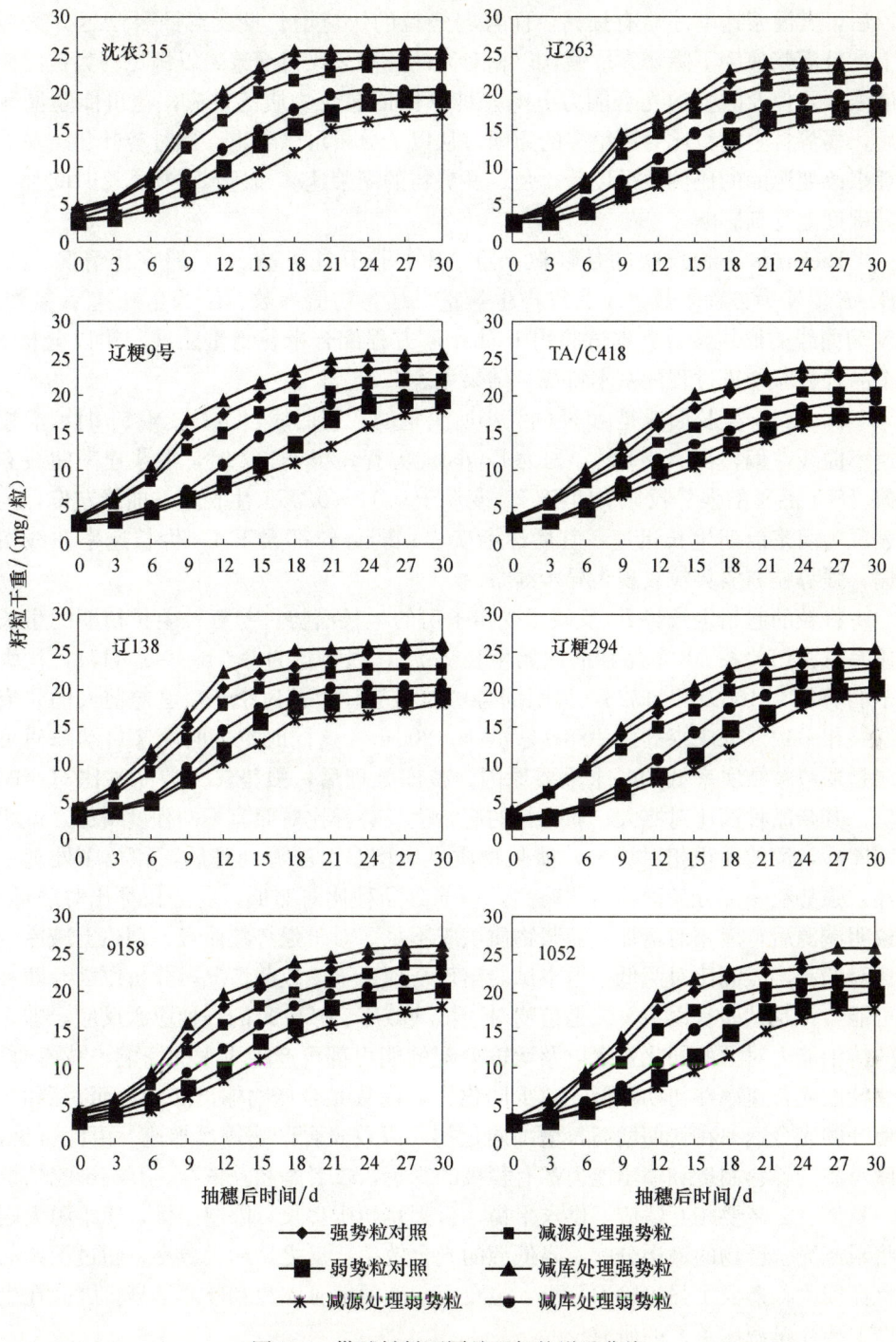

图 7-1 供试材料不同处理籽粒增重曲线

以后，其灌浆速率才略有提高，而且弱势粒的快速增长期比对照要延迟 3 天以上，且灌浆速率下降非常缓慢，以相对高的速率来维持灌浆，以满足弱势粒灌浆的需要，但此时叶的光合能力下降，难以保证灌浆物质的供应，这可能是减源后，弱势粒空瘪粒比对照增多的原因。从以上分析可以看出，通过剪叶和疏花处理来改变源库的比例关系以后，强、弱势粒的灌浆速率和达到灌浆高峰时间都不同程度地受到影响。

Richards 方程反映的是籽粒干重（W）依开花天数（t）的变化情况，A、B、K、N 为方程参数，A 为终极生长量、B 为初值参数、K 为生长速率参数、N 为曲线的形状参数。本试验用 Richards 方程配合米粒增重曲线，用以分析 8 个品种籽粒增重过程的基本特征。结果见表 7-2。

Richards 生长曲线是由 N 的大小所决定的一簇曲线，当 $0<N<1$ 时，灌浆速率曲线左偏；当 $N=1$ 时，即为 Logistic 方程；当 $N>1$ 时，灌浆速率曲线右偏。8 个品种的强势粒 N 均小于 1，变动于 0.11～0.35，生长速率曲线左偏，均表现为灌浆前期生长迅速，其后逐渐变慢；弱势粒都大于 1，生长速率曲线右偏。强势粒与弱势粒表现为异步灌浆。

籽粒的起始生长势 R_0 反映了受精子房的生长潜势，与籽粒生长初期的生长速率有密切关系。8 个品种的起始生长势 R_0，强势粒为 0.5455～1.4177，均大于弱势粒 0.1069～0.1526，说明弱势粒较强势粒生长速率小，这与前人的研究结果相一致（朱庆森等，1988；寇洪萍，2003）。这同时也表明灌浆启动障碍可能是弱势粒结实率低的一个重要原因。减库处理后，强势粒少数品种比对照略低，其余品种都比对照大；弱势粒的起始生长势都比对照有不同程度增加，说明减库后，源的面积相对增加，灌浆物质供应增多。减源处理后，和减库处理一样，强势粒一部分品种比对照略高，一部分品种比对照低，弱势粒都比对照低，说明减源后，库相对增加，灌浆物质供应不足。对于强势粒而言，理论上减库应比对照高，减源比对照低，但本试验出现与理论不一致的情况，分析原因有两种可能，一是试验有误差，二是植物对逆境（减库、减源）的一种应激反应，即库的接纳能力对源的同化效率以及运输分配的能力都可产生重大的影响。减库时，使叶的光合速率在初期降低，减少同化物，以致光合产物输出滞缓；而减源时，使叶的光合速率在初期增高，增加同化物，以致光合产物输出加速。由此可见，库对源的养料制造和输出能力都有积极的影响，二者是相互依存、互有影响的统一整体。二者要相互适应，供求平衡，否则将妨碍生长，限制产量，库小源大则将限制光合产物的输送分配，降低源的光合效率；反之，库大源小，超过了源的负荷能力，造成了强迫输送分配，也会引起库的部分空瘪和叶片早衰。因此在生产上要注重源库关系的研究。

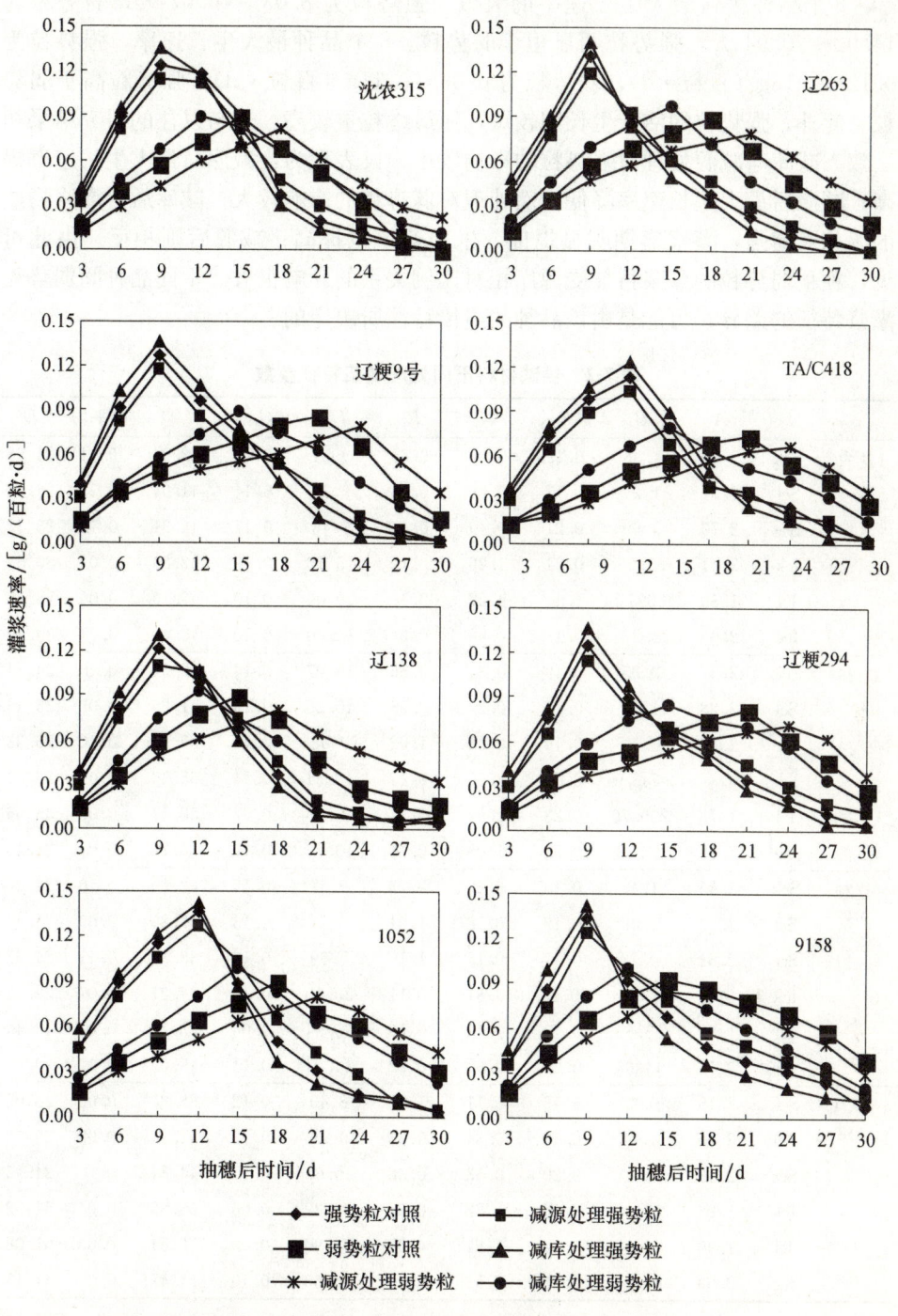

图7-2 供试材料不同处理籽粒灌浆速率曲线

8个品种达到最大生长速率的天数，强势粒为 8.03～10.07 天，弱势粒为 14.92～20.94 天，强势粒明显短于弱势粒。8个品种最大生长速率，强势粒为 0.12～0.16g/(百粒·d)，弱势粒为 0.06～0.11g/(百粒·d)，强势粒高于弱势粒。此外，强势粒的活跃生长期较短，而最终粒重较高。这与以往的研究结果相一致。减库与减源处理对强势粒的影响较小，仅表现为：减库后最大生长速率提高，减源后最大生长速率降低。而处理对弱势粒的影响较大。减库后，灌浆物质的源相对增强，灌浆盛期明显提前，生长速率也提高；减源后则相反。由此可见，粳稻弱势粒的灌浆特征受源库相对比例关系的影响很大。不同品种间弱势粒灌浆特征的差异，可能是由该品种的遗传特性所决定的。

表 7-2　供试材料不同处理灌浆特征参数

		A	B	K	N	R_0	T_{max}	G_{max}	$I/\%$	G平均	D
沈农315	Sck	2.63	1.98	0.19	0.34	0.55	9.31	0.16	42.34	0.11	24.98
	Scl	2.51	1.24	0.17	0.26	0.66	9.38	0.14	41.04	0.09	26.82
	Sce	2.70	3.69	0.21	0.49	0.44	9.46	0.17	44.31	0.12	23.32
	Ick	2.01	32.05	0.21	1.26	0.17	15.12	0.10	52.39	0.07	30.53
	Icl	1.69	29 395.75	0.44	4.27	0.10	20.00	0.10	67.76	0.06	28.38
	Ice	2.06	4.27	0.17	0.58	0.29	11.90	0.10	45.43	0.07	30.70
辽263	Sck	2.37	2.35	0.19	0.34	0.56	10.07	0.14	42.34	0.10	24.54
	Scl	2.28	1.57	0.17	0.27	0.63	10.26	0.13	41.26	0.09	26.46
	Sce	2.56	0.79	0.16	0.16	1.02	9.68	0.14	39.57	0.10	26.33
	Ick	1.81	9 743.96	0.43	3.56	0.11	18.51	0.11	65.30	0.07	26.01
	Icl	1.73	225.76	0.23	2.07	0.11	20.55	0.07	58.17	0.05	35.66
	Ice	1.98	21.08	0.22	1.08	0.20	13.76	0.10	50.72	0.07	28.45
辽粳9号	Sck	2.45	1.42	0.18	0.25	0.73	9.37	0.15	40.99	0.10	24.46
	Scl	2.15	1.09	0.19	0.18	1.04	9.72	0.13	39.85	0.09	23.49
	Sce	2.64	0.72	0.17	0.15	1.16	8.99	0.16	39.39	0.11	24.63
	Ick	2.01	13 669.45	0.41	3.81	0.11	20.10	0.11	66.21	0.07	28.52
	Icl	1.89	65.60	0.15	1.43	0.10	25.94	0.06	53.71	0.04	46.40
	Ice	2.16	14.06	0.20	0.90	0.22	14.04	0.10	49.02	0.07	29.65
TA/C 418	Sck	2.15	0.45	0.16	0.11	1.42	8.40	0.12	38.80	0.08	26.05
	Scl	2.00	1.86	0.18	0.34	0.53	9.19	0.12	42.35	0.08	25.53
	Sce	2.48	4.10	0.20	0.53	0.38	10.08	0.15	44.84	0.10	24.96
	Ick	1.96	32.49	0.14	1.72	0.08	20.39	0.06	55.86	0.04	51.52
	Icl	1.90	40.68	0.12	1.81	0.07	24.90	0.05	56.54	0.03	61.08
	Ice	2.03	65.20	0.23	1.52	0.15	16.60	0.10	54.47	0.07	31.15

续表

		A	B	K	N	R_0	T_{max}	G_{max}	$I/\%$	G平均	D
辽138	Sck	2.59	2.01	0.19	0.35	0.55	9.03	0.16	42.45	0.11	24.34
	Scl	2.34	10.98	0.24	0.89	0.27	10.37	0.15	48.86	0.10	23.78
	Sce	2.78	2.29	0.20	0.38	0.54	8.81	0.18	42.81	0.12	23.23
	Ick	1.91	1 951.04	0.43	2.97	0.15	14.92	0.13	62.85	0.08	22.85
	Icl	1.83	62.86	0.21	1.52	0.14	18.11	0.08	54.43	0.05	34.23
	Ice	2.07	128.41	0.32	1.75	0.18	13.33	0.18	56.12	0.08	23.32
辽粳294	Sck	2.44	0.51	0.16	0.13	1.24	8.78	0.13	39.01	0.09	27.00
	Scl	2.39	0.49	0.14	0.13	1.11	9.82	0.12	38.99	0.08	30.53
	Sce	2.72	0.10	0.14	0.13	4.91	9.01	0.14	37.3	0.09	29.44
	Ick	2.12	31.52	0.20	1.88	0.11	20.94	0.08	56.97	0.06	38.24
	Icl	1.95	19.71	0.11	1.33	0.08	25.56	0.05	52.95	0.03	63.19
	Ice	2.20	436.16	0.29	2.24	0.13	18.10	0.12	59.15	0.08	29.10
9158	Sck	2.56	1.18	0.16	0.24	0.70	9.73	0.14	40.75	0.09	27.11
	Scl	2.43	0.44	0.13	0.12	1.12	10.24	0.11	38.83	0.07	32.44
	Sce	2.60	1.20	0.18	0.25	0.73	8.94	0.15	40.89	0.10	25.24
	Ick	2.17	42.96	0.21	1.39	0.15	16.16	0.10	53.4	0.07	31.95
	Icl	1.95	28.26	0.16	1.16	0.14	19.64	0.08	51.51	0.05	38.94
	Ice	2.38	16.75	0.20	0.99	0.20	13.97	0.12	49.89	0.08	29.51
1052	Sck	2.53	1.18	0.17	0.21	0.38	10.19	0.14	40.42	0.10	26.45
	Scl	2.17	10.42	0.24	0.72	0.33	11.33	0.14	47.03	0.09	22.98
	Sce	2.56	6.05	0.23	0.57	0.40	10.35	0.17	45.28	0.11	22.43
	Ick	2.00	502.31	0.29	2.35	0.13	18.25	0.11	59.76	0.07	29.55
	Icl	1.96	45.12	0.16	1.40	0.12	21.31	0.07	53.49	0.05	41.66
	Ice	2.33	233.59	0.29	1.98	0.15	16.61	0.13	57.58	0.08	27.68

注：Sck 表示强势粒对照，Scl 表示减源处理强势粒，Sce 表示减库处理强势粒，Ick 表示弱势粒对照，Icl 表示减源处理弱势粒，Ice 表示减库处理弱势粒；下同

依据 Richards 方程的分析方法，将供试 8 个品种的强、弱势粒灌浆期划分为前、中（盛）、后 3 期（表 7-3）。

不同品种强势粒在灌浆前期（$0 \sim t_1$）相差不大，到达第一个拐点时间为 3 天左右，对灌浆的贡献率较小；中期 8 个品种到达第二个拐点的时间大致相同，12 天左右，对灌浆的贡献率大，都达到 60% 以上；后期对灌浆的贡献率比前期大，但持续的时间也长。总体来说，灌浆中期＞灌浆后期＞灌浆前期。减库和减源处理对强势粒影响不大。

不同品种的弱势粒差异较强势粒大。其灌浆前期的长短明显不同，在 8.62～13.35 天间变动。与强势粒比较，达到第一个拐点的时间明显落后，只有当强势粒到达第一个拐点后，弱势粒才相继到达第一个拐点。8 个品种到达第二个拐点时间，强、弱势粒差异较大，尤其是品种 TA/C 418，其强、弱势粒相差

20天，弱势粒进入灌浆盛期迟。从弱势粒不同阶段对灌浆的贡献率来看，灌浆中期＞灌浆前期＞灌浆后期。这说明灌浆后期，气温降低，叶片和根系逐渐衰老，导致弱势粒灌浆不充足。减库和减源处理对弱势粒影响较明显。

表 7-3 不同处理不同阶段籽粒灌浆特性

		t_1	t_2	t_3	W_1	W_2	W_3	P_1	P_2	P_3
沈农 315	Sck	3.44	15.19	33.81	0.33	1.92	2.60	12.66	60.37	25.97
	Scl	3.02	15.73	36.72	0.28	1.81	2.48	11.33	60.62	27.05
	Sce	4.05	14.86	30.99	0.40	2.01	2.67	14.73	59.88	24.40
	Ick	8.62	21.62	36.61	0.48	1.62	1.99	23.99	56.54	18.47
	Icl	15.55	24.45	30.36	0.75	1.51	1.67	44.60	45.00	9.41
	Ice	4.84	18.95	39.26	0.33	1.56	2.04	15.94	59.54	23.52
辽 263	Sck	4.30	15.84	34.15	0.30	1.73	2.35	12.65	60.37	25.98
	Scl	4.00	16.53	37.07	0.26	1.64	2.25	11.56	60.58	26.86
	Sce	3.40	15.97	37.70	0.25	1.81	2.54	9.89	60.82	28.30
	Ick	14.17	22.86	39.23	0.74	1.60	1.79	41.06	4727	10.68
	Icl	12.04	24.29	35.93	0.54	1.46	1.71	31.31	52.95	14.74
	Ice	7.57	19.95	35.01	0.44	1.57	1.96	21.99	57.39	19.62
辽粳 9 号	Sck	3.57	15.17	34.34	0.28	1.76	2.43	11.29	60.62	27.09
	Scl	4.13	15.32	34.52	0.22	1.52	2.12	10.16	60.78	28.05
	Sce	3.11	14.87	35.34	0.26	1.86	2.61	9.71	60.84	28.45
	Ick	15.45	24.76	31.35	0.85	1.79	1.99	42.35	46.45	10.20
	Icl	16.24	35.63	57.04	0.48	1.54	1.87	25.61	55.80	17.58
	Ice	7.46	20.62	37.53	0.43	1.69	2.14	19.99	58.18	20.84
TA/C 418	Sck	2.17	14.64	36.74	0.20	1.50	2.12	9.15	60.89	28.96
	Scl	3.18	15.19	34.22	0.25	1.46	1.98	12.67	60.36	25.96
	Sce	4.31	15.85	32.75	0.38	1.86	2.45	15.30	59.72	23.98
	Ick	9.98	30.81	52.23	0.56	1.63	1.95	28.32	54.50	16.18
	Icl	12.69	37.11	61.66	0.56	1.58	1.88	29.19	54.06	15.75
	Ice	10.17	23.04	36.90	0.54	1.66	2.01	26.56	55.36	17.08
辽 138	Sck	3.31	14.75	32.82	0.33	1.89	2.56	12.77	60.34	25.89
	Scl	5.08	15.66	29.31	0.46	1.83	2.32	19.81	58.24	20.95
	Sce	3.36	14.26	31.27	0.37	2.04	2.75	13.14	60.26	25.60
	Ick	10.88	18.96	25.47	0.72	1.66	1.89	37.62	49.37	12.00
	Icl	11.03	25.18	40.44	0.48	1.50	1.81	26.52	55.38	17.10
	Ice	8.64	18.03	27.59	0.59	1.71	2.04	28.66	54.33	16.01
辽粳 294	Sck	2.33	15.24	37.98	0.23	1.72	2.42	9.35	60.87	28.78
	Scl	2.52	17.12	42.85	0.22	1.68	2.37	9.33	60.87	28.80
	Sce	1.94	16.09	42.40	0.21	1.87	2.70	7.75	60.96	30.29
	Ick	13.35	28.53	43.56	0.63	1.77	2.09	29.74	53.77	15.48
	Icl	12.21	38.91	69.13	0.48	1.58	1.94	24.68	56.23	18.09
	Ice	12.55	23.66	33.66	0.72	1.86	2.17	32.60	52.25	14.15

续表

		t_1	t_2	t_3	W_1	W_2	W_3	P_1	P_2	P_3
9158	Sck	3.30	16.16	37.60	0.28	1.84	2.54	11.05	60.66	27.29
	Scl	2.51	18.03	45.52	0.22	1.70	2.41	9.18	60.89	28.94
	Sce	2.96	14.93	34.79	0.29	1.87	2.57	11.19	60.64	27.18
	Ick	9.45	22.86	37.79	0.55	1.76	2.14	25.28	55.96	17.76
	Icl	11.25	28.02	47.91	0.45	1.56	1.93	22.93	57.00	19.07
	Ice	7.48	20.46	36.65	0.50	1.88	2.36	21.01	57.79	20.21
1052	Sck	3.90	16.48	37.65	0.27	1.81	2.51	10.72	60.71	27.57
	Scl	6.13	16.54	30.78	0.38	1.67	2.15	17.72	58.98	22.30
	Sce	5.19	15.51	30.44	0.40	1.93	2.54	15.77	59.59	23.64
	Ick	12.68	23.82	33.85	0.67	1.71	1.98	33.41	51.80	13.78
	Icl	12.57	30.04	49.47	0.50	1.59	1.94	25.34	55.93	17.73
	Ice	11.18	22.04	32.59	0.71	1.95	2.30	30.54	53.36	15.10

注：t_1、t_2 为生长速率方程的两个拐点，t_3 为假定达 99%A 时实际灌浆终期，W_1、W_2、W_3 为 t_1、t_2、t_3 时的生长量，P_1、P_2、P_3 为前、中、后期生长比率

7.2.1.2 籽粒中蔗糖和淀粉含量的变化

在粳稻的结实期间，蔗糖是从叶向穗运送同化产物的主要形式，通过韧皮部输导系统装载，运输并卸载到胚乳中，成为淀粉合成的最初供体。由图 7-3 可见，发育胚乳中蔗糖的绝对含量均较小。在灌浆前期（0～12 天）强势粒的蔗糖含量明显高于弱势粒，灌浆中、后期弱势粒的蔗糖含量略高于强势粒。可能是由于籽粒发育后期蔗糖的继续运输，或酶的活性降低，使蔗糖分子不能分解转化成淀粉或转化成淀粉的效率低，这说明充实度差比充实度好的蔗糖含量高。强势粒除 TA/C 418 和 1052 在 12 天达到高峰外，其余品种均在 9 天达到高峰，而后呈逐渐下降趋势。弱势粒在强势粒降到最低点或接近最低点时，达到高峰，之后下降缓慢，说明在后期仍有一部分同化物运到弱势粒中。不同品种间，强势粒的蔗糖含量略有差异。弱势粒的蔗糖含量相差较小，但达到高峰的时间不同，其中辽 138 和 9158 在 15 天达到高峰，而辽粳 9 号、TA/C 418 和辽粳 294 在 21 天才达到高峰。减库处理后，在灌浆前期强势粒的蔗糖含量比对照略高，但达到高峰的时间没变，达到高峰后，下降速率比对照略快。弱势粒的蔗糖含量比对照高，且比对照达到高峰时间早，之后下降幅度较快。减源处理则相反。在灌浆后期无论减源处理还是减库处理均相差较小。

发育胚乳中的淀粉积累（图 7-4）粒位间比较，强势粒与弱势粒间存在明显的差异，强势粒淀粉积累早，积累速率高，而弱势粒则积累起始明显迟于强势粒，且积累速率低，二者存在明显的异步关系，这表明弱势粒中糖转化成淀粉的能力弱，无力拉动光合产物和茎鞘贮藏物质迅速输入籽粒中。品种间比较，强势粒相差较小，在开花后 0～18 天积累迅速，之后积累较小；弱势粒品种间差异较

明显，其中沈农315淀粉含量最多，TA/C418淀粉含量最少。减源和减库处理后，强势粒间差异非常小，弱势粒间差异明显。减库处理后，弱势粒的淀粉含量比对照高；减源处理后，弱势粒的淀粉含量比对照低。

由此可见，籽粒中蔗糖的变化及淀粉积累的差异主要表现在弱势粒之间，强势粒相差较小。输入到籽粒的蔗糖不仅是合成淀粉的基础，而且很有可能影响籽粒发育早期与淀粉合成有关酶的基因的表达。

7.2.2 籽粒发育期间胚乳中有关糖代谢的酶的活性变化

7.2.2.1 蔗糖酶的活性变化

蔗糖酶又称转化酶，能够将非还原性的蔗糖不可逆地水解为葡萄糖和果糖。Bzchelier 等（1997）认为处在细胞壁中的转化酶能调节蔗糖从韧皮部卸出，并且控制蔗糖吸收速率，而在液泡中的转化酶可以调节蔗糖和己糖的贮存。图 7-5 是供试材料在不同处理下的蔗糖酶变化曲线。强势粒与弱势粒的蔗糖酶变化曲线为单峰曲线。在灌浆前中期，强势粒的蔗糖酶活性远远高于弱势粒的蔗糖酶活性。在灌浆后期，弱势粒的蔗糖酶活性高于强势粒，持续一段时间后，在 30 天左右，开始接近强势粒的蔗糖酶活性，甚至低于强势粒的蔗糖酶活性。强势粒出现高峰的时间基本上在 9～12 天，弱势粒出现高峰的时间不同品种之间差异较大，最早的 15 天，最迟的 21 天。强势粒达到高峰后下降幅度比弱势粒大，弱势粒的下降趋势品种之间也表现不同。杂交稻品种的弱势粒在达到高峰后，迅速下降，而常规稻呈逐渐下降趋势。减库处理后，籽粒中酶活性提高，减源后酶活性下降（与对照相比），弱势粒中酶活性变化幅度大于强势粒。但在不同品种间，各处理对酶活性的影响有较大的差异。各处理对 TA/C418、辽粳 294 籽粒中蔗糖酶活性的影响最小。减库处理后沈农 315、辽粳 9 号、辽 138、9158、1052 籽粒中蔗糖酶活性显著增加，但减源处理蔗糖酶活性前期降低缓慢，达到高峰后下降幅度较快。减源处理后，辽 263 籽粒中蔗糖酶活性显著减少，但减库处理蔗糖酶活性前期增加缓慢。由此可见，蔗糖酶对蔗糖的分解也不容忽视。

7.2.2.2 蔗糖合成酶的活性变化

蔗糖由源进入库器官细胞后，在细胞质中经一系列酶催化降解成磷酸丙糖后，进入淀粉体，参与淀粉的生物合成。蔗糖合成酶与转化酶协同控制蔗糖长途运输与库组织蔗糖代谢。对强势粒、弱势粒胚乳发育过程中蔗糖合成酶活性分析（图 7-6），结果表明，蔗糖合成酶的活性变化均为单峰曲线。在灌浆前期强势粒蔗糖合成酶随胚乳的发育活性逐渐增强，于花后 9～12 天达到峰值，之后逐渐下降。其活性显著高于弱势粒的酶活性，这表明强势粒的蔗糖分解能力大于弱势

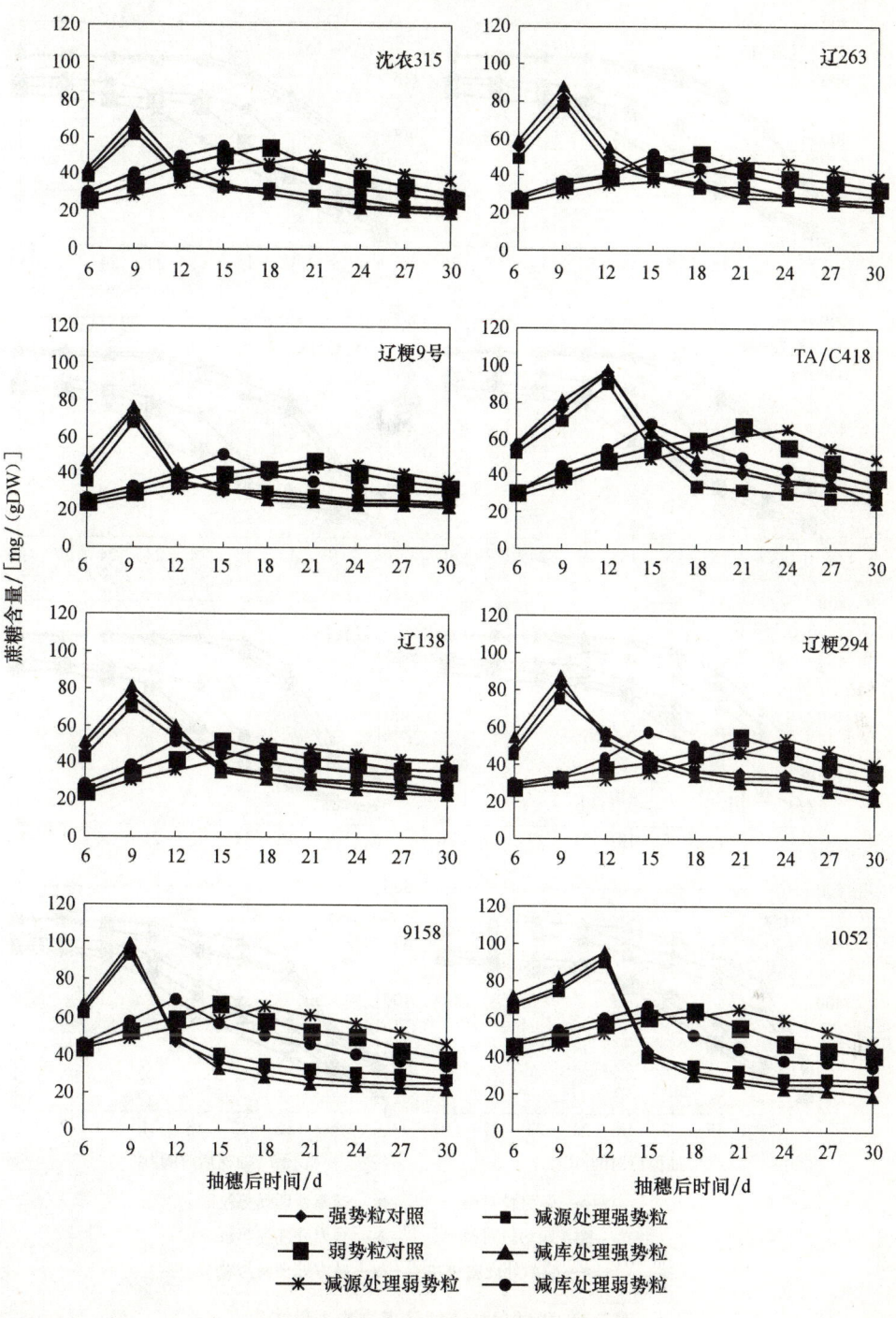

图 7-3 供试材料不同处理蔗糖含量变化

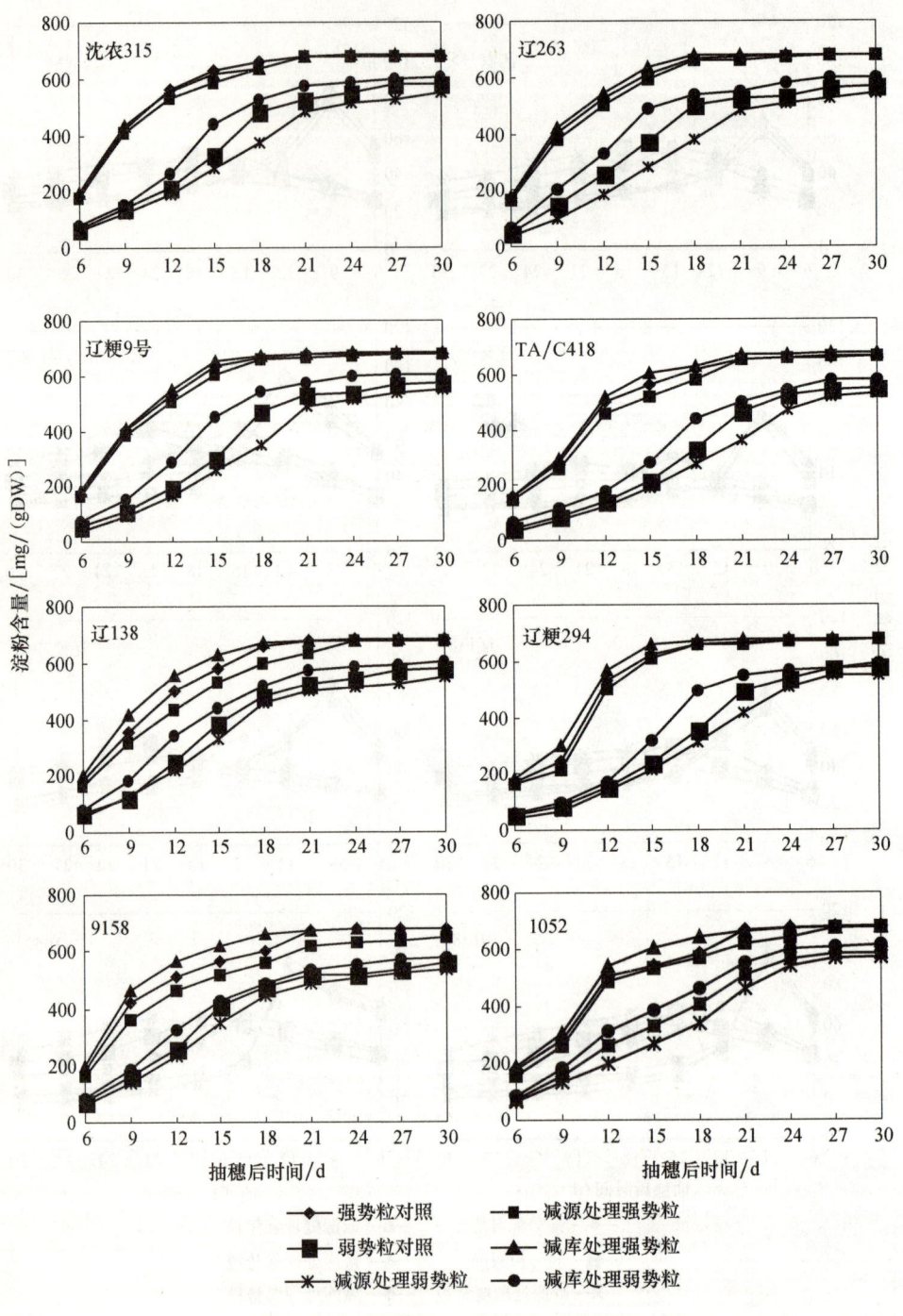

图 7-4 供试材料不同处理淀粉含量变化

粒。在灌浆中后期，弱势粒的蔗糖合成酶活性略高于强势粒的酶活性。弱势粒的蔗糖合成酶活性达到峰值的时间相对强势粒要晚，在灌浆后期，弱势粒的酶活性开始接近甚至低于强势粒的酶活性。这可能是在灌浆后期，即使弱势粒中有同化物蔗糖但也不能转化成淀粉的原因之一。品种之间强势粒的蔗糖合成酶活性差异不明显，但弱势粒的蔗糖合成酶活性表现不同。一般灌浆速率大的品种，灌浆前期弱势粒蔗糖合成酶的活性高，达到最大灌浆速率时间早的品种，酶活性峰值出现的时间也早。与对照相比，减库处理后，籽粒中酶活性提高，达到峰值时间提前，但减源处理后酶活性下降，达到峰值时间延后。源库处理强势粒品种之间差异不明显，但弱势粒品种之间有明显差异，不同品种出现峰值的时间不一样。

比较图 7-5 和图 7-6 发现，在活性上，不论是强势粒还是弱势粒，蔗糖转化酶的活性都显著小于蔗糖合成酶。说明蔗糖合成酶是降解同化产物的关键酶。

7.2.2.3 ADPG 焦磷酸化酶活性的变化

ADPG 焦磷酸化酶催化 G1P 与 ATP 反应，生成淀粉合成的最直接前体 ADPG（腺苷二磷酸葡萄糖），它是淀粉生物合成过程中关键性酶之一。由图 7-7 可以看出，发育籽粒胚乳中的 ADPG 焦磷化酶的活性变化为单峰曲线。8 个品种的 ADPG 焦磷酸化酶活性在开始灌浆时酶活性很低，随着灌浆进程酶活性提高，达到峰值后迅速下降。在灌浆前期，强势粒的 ADPG 焦磷酸化酶活性明显高于弱势粒的酶活性，在灌浆后期，弱势粒的酶活性略高于强势粒。在整个灌浆过程中，强势粒 ADPG 焦磷酸化酶活性达到峰值的时间明显早于弱势粒，一般于花后 15 天以前达到最大值，而弱势粒酶活性一般在 21 天以后达到最大值，强、弱势粒之间明显表现两个峰。强、弱势粒的 ADPG 焦磷酸化酶活性达到高峰时间均比蔗糖合成酶延后。不同品种强势粒的 ADPG 焦磷酸化酶活性在籽粒发育早期略有差异，1052 和 TA/C 418 在开花第 9 天的活性明显低于其他品种，可能是由于这两品种达到灌浆最大速率的时间比其他品种晚，也可能是其他品种强势粒酶活性达到高峰的时间早于 15 天，在 9～15 天。不同品种弱势粒 ADPG 焦磷酸化酶活性表现不同。辽粳 9 号、辽 138 和 9158 的 ADPG 焦磷酸化酶活性在 15 天前增加迅速，之后增加缓慢，峰值之后下降较快；沈农 315、辽 263 和 1052 的 ADPG 焦磷酸化酶活性在峰值前增加迅速，之后下降也较快；TA/C 418 和辽粳 294 的 ADPG 焦磷酸化酶活性达到峰值后下降非常缓慢。这可能是由于各品种弱势粒达到最大灌浆速率的时间不同。与对照相比，减库处理后，籽粒中酶活性提高，强势粒达到峰值时间不变，但弱势粒达到峰值时间提前，达到峰值后下降迅速。减源处理后酶活性下降，强势粒达到峰值时间不变，但弱势粒达到峰值时间延后。源库处理强势粒品种之间差异不明显，但弱势粒品种之间有明显差异，不同品种出现峰值的时间不一样。

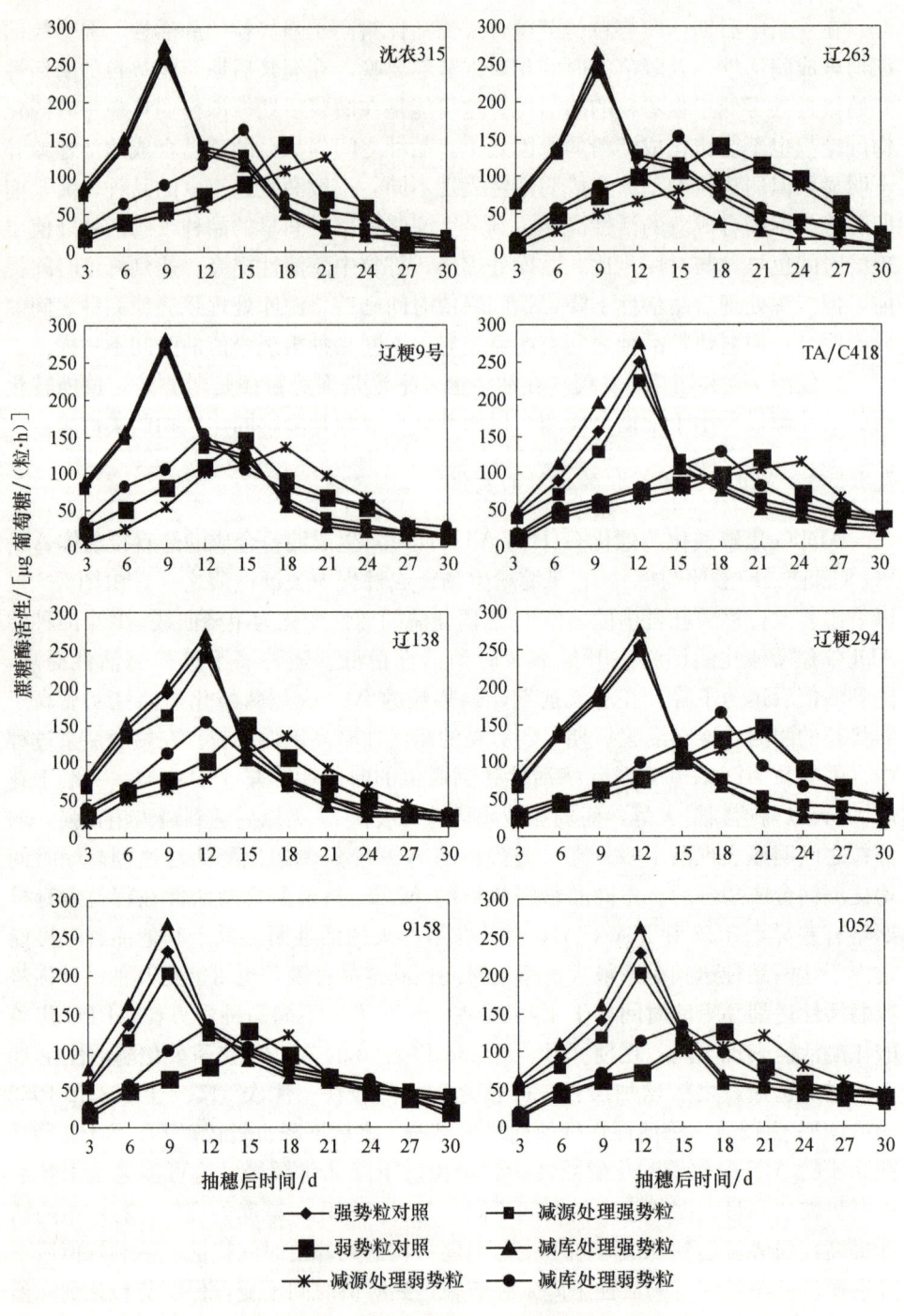

图 7-5 供试材料不同处理蔗糖酶变化曲线

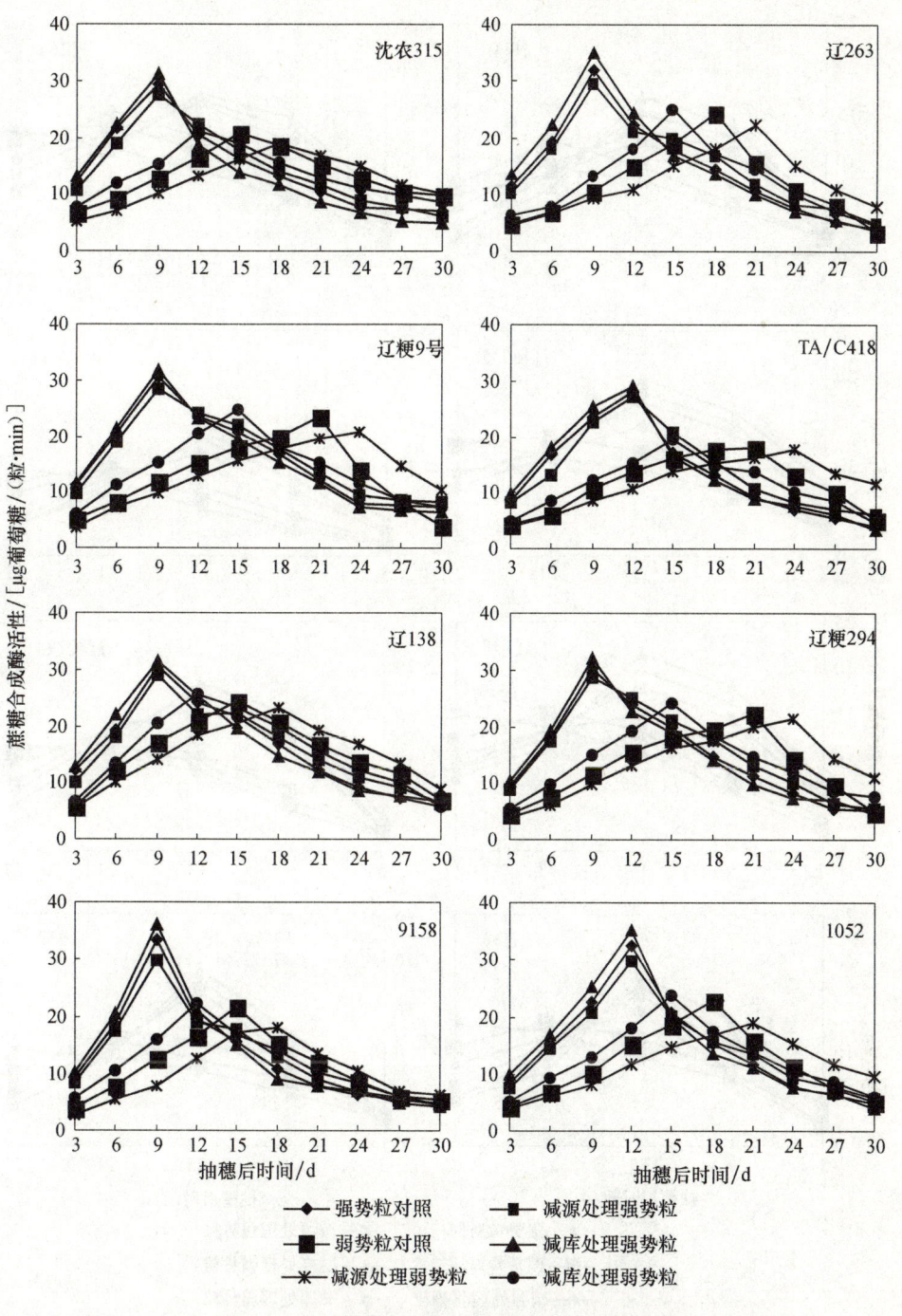

图 7-6　供试材料不同处理蔗糖合成酶变化曲线

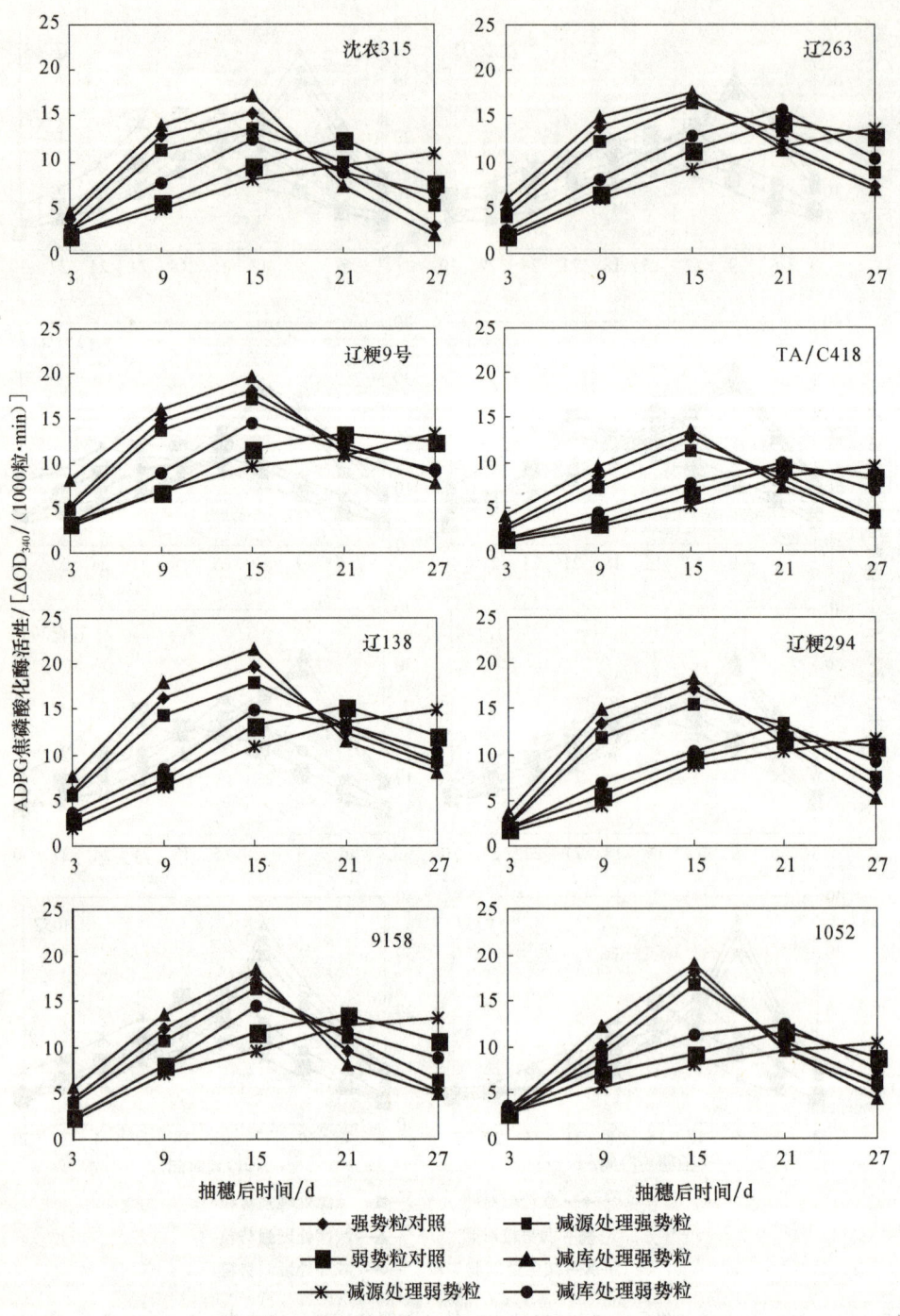

图 7-7 供试材料不同处理 ADPG 焦磷酸化酶变化曲线

7.2.2.4 可溶性淀粉合成酶活性的变化

可溶性淀粉合成酶是粳稻籽粒中淀粉生物合成的调节位点，是催化粳稻胚乳淀粉合成的一种重要酶。图7-8是可溶性淀粉合成酶的变化曲线。由图7-8可以看出，可溶性淀粉合成酶的活性变化为单峰曲线。在籽粒胚乳发育前期，强势粒的可溶性淀粉合成酶活性显著高于弱势粒的酶活性，且随着灌浆进程逐渐增加，在15天左右达到高峰，之后开始下降。弱势粒的可溶性淀粉合成酶开始活性很低，在21天左右达到高峰，之后下降缓慢，其活性略高于强势粒。强、弱势粒的可溶性淀粉合成酶的活性变化明显表现异步性。不同品种强势粒的可溶性淀粉合成酶的活性大小不同，其中品种1052的活性最强，品种TA/C418活性最低。不同品种弱势粒可溶性淀粉合成酶活性表现也不同。趋势基本与ADPG焦磷酸化酶一致。沈农315、辽263和1052的可溶性淀粉合成酶活性在峰值前增加迅速，之后下降也较快；辽粳9号、辽138和9158的可溶性淀粉合成酶活性在15天前增加迅速，之后增加缓慢，峰值之后下降较快；TA/C418和辽粳294的可溶性淀粉合成酶活性达到峰值后下降非常缓慢。这可能是由于各品种弱势粒达到最大灌浆速率的时间差异所致。与对照相比，减库处理后，籽粒中酶活性提高，强势粒达到峰值时间不变，但弱势粒达到峰值时间提前，达到峰值后下降迅速，但减源处理后酶活性下降，强势粒达到峰值时间不变，而弱势粒达到峰值时间延后。源库处理强势粒品种之间差异不明显，但弱势粒品种之间有明显差异，不同品种出现峰值的时间不一样。

与ADPG焦磷酸化酶活性相比，在发育前期，可溶性淀粉合成酶的活性相对较高，这表明在粳稻灌浆的起始阶段，可溶性淀粉合成酶的作用要大一些。其达到高峰的时间与ADPG焦磷酸化酶相同或略迟，达到峰值后，活性明显降低。

7.2.2.5 Q酶的活性变化

Q酶又称淀粉分支酶，其在淀粉合成过程中的作用是通过形成α-1,6糖苷键，形成分支的糖链，从而影响支链淀粉的合成。图7-9是各品种Q酶的变化曲线。由图7-9可以看出，发育籽粒胚乳中的Q酶的活性变化为单峰曲线。在灌浆中期以前，强势粒的ADPG焦磷酸化酶活性明显高于弱势粒的酶活性；在灌浆后期，弱势粒的酶活性略高于强势粒。在整个灌浆过程中，强势粒Q酶活性达到峰值的时间明显早于弱势粒，一般于花后18～21天以前达到最大值，而弱势粒酶活性一般在24天以后达到最大值，强、弱势粒之间明显表现两个峰。强、弱势粒的Q酶活性峰值出现的时间均比上述四个酶延后。不同品种强势粒的Q酶活性表现为品种1052 Q酶活性最大，TA/C418 Q酶活性最小。不同品种弱势粒Q酶活性达到峰值的时间不同。沈农315、辽138和9158的Q酶在24天达到峰值,之后迅速下降;其余品种在27天之后出现峰值。与对照相比,减库处理后,籽粒中酶活性提高,达到峰值后下降迅速,但减源处理后酶活性下降,达到峰值后下降缓慢。源库处理弱势粒品种之间有明显差异,不同品种出现峰值的时间不一样。而且源库处理与对照相比弱势粒达到峰值时间不同,减库处理弱势粒达到峰值时间提前,减源处理弱势粒达到峰值时间延后。

通过对淀粉合成过程中上述几种酶的分析可见,强势粒在灌浆前期都具有较高的酶的生理活性,这说明较高的生理活性有利于调集同化物,因而籽粒充实好。而弱势粒则相反,灌浆充实差。在灌浆后期,虽然弱势粒的酶活性高于强势粒,但此时叶片和根系逐渐衰老,再加之北方气温逐渐降低,很难保证弱势粒的灌浆。在栽培上,可以提高籽粒灌浆结实期关键酶的活性,以有效克服这种生理障碍,进而有助于提高粳稻产量。

7.2.3 酶活性与灌浆速率的关系

在粳稻籽粒胚乳发育过程中,不同种类的酶出现峰值的时间不同,起的作用不同。为了进一步探讨酶活性与籽粒灌浆速率的关系,对胚乳发育中酶活性与最大灌浆速率、平均灌浆速率进行相关分析,结果见表7-4。由表7-4可以看出,ADPG焦磷酸化酶、Q酶、可溶性淀粉合成酶和蔗糖合成酶与平均灌浆速率和最大灌浆速率都达到极显著相关水平,相关系数大小依次为ADPG焦磷酸化酶>可溶性淀粉合成酶>蔗糖合成酶>Q酶,表明这4种酶均与淀粉积累关系密切,为蔗糖转化为淀粉的关键性酶,其中ADPG焦磷酸化酶和可溶性淀粉合成酶对控制淀粉合成与积累的作用最大。

表7-4 粳稻籽粒中4个酶活性与灌浆速率的相关系数

	ADPG焦磷酸化酶	Q酶	可溶性淀粉合成酶	蔗糖合成酶
G(平均值)	0.729**	0.569**	0.661**	0.607**
G_{max}	0.745**	0.624**	0.680**	0.644**

**在0.01水平上显著

7.2.4 八品种强、弱势粒稻米品质

7.2.4.1 八品种强、弱势粒稻米品质概况

由表7-5可见,在碾磨品质方面,强势粒的糙米率、精米率和整米率都高于弱势粒,其中强势粒的整米率显著高于弱势粒,弱势粒仅为37.33%,且二者的变异系数差异较大,弱势粒的变异系数要高于强势粒,说明弱势粒受外界条件的影响较大。在外观品质方面,强势粒的粒长和粒形均比弱势粒大,说明强势粒在灌浆过程中其充实度要优于弱势粒;强势粒与弱势粒的垩白率和垩白度的变异

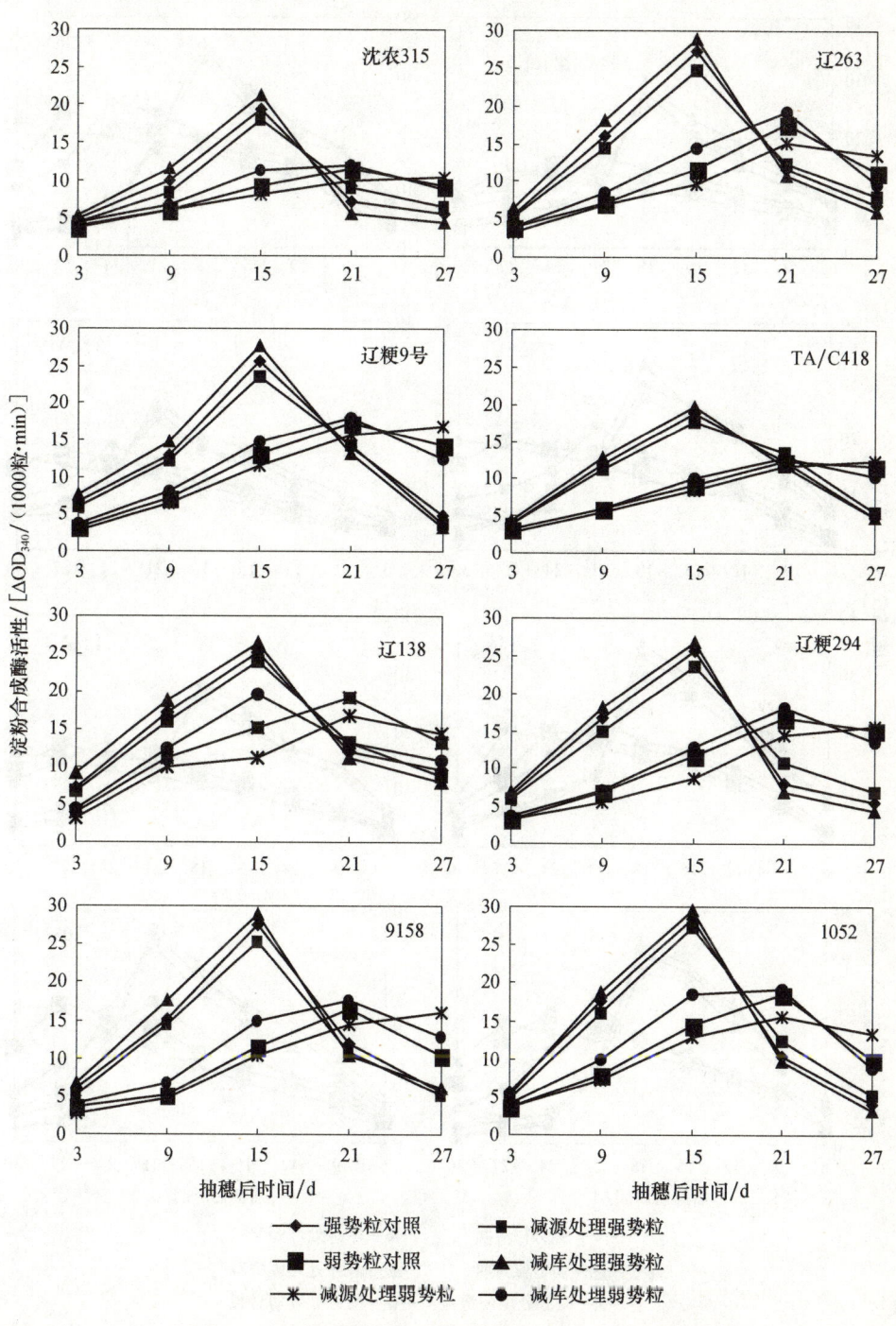

图 7-8 供试材料不同处理可溶性淀粉合成酶变化曲线

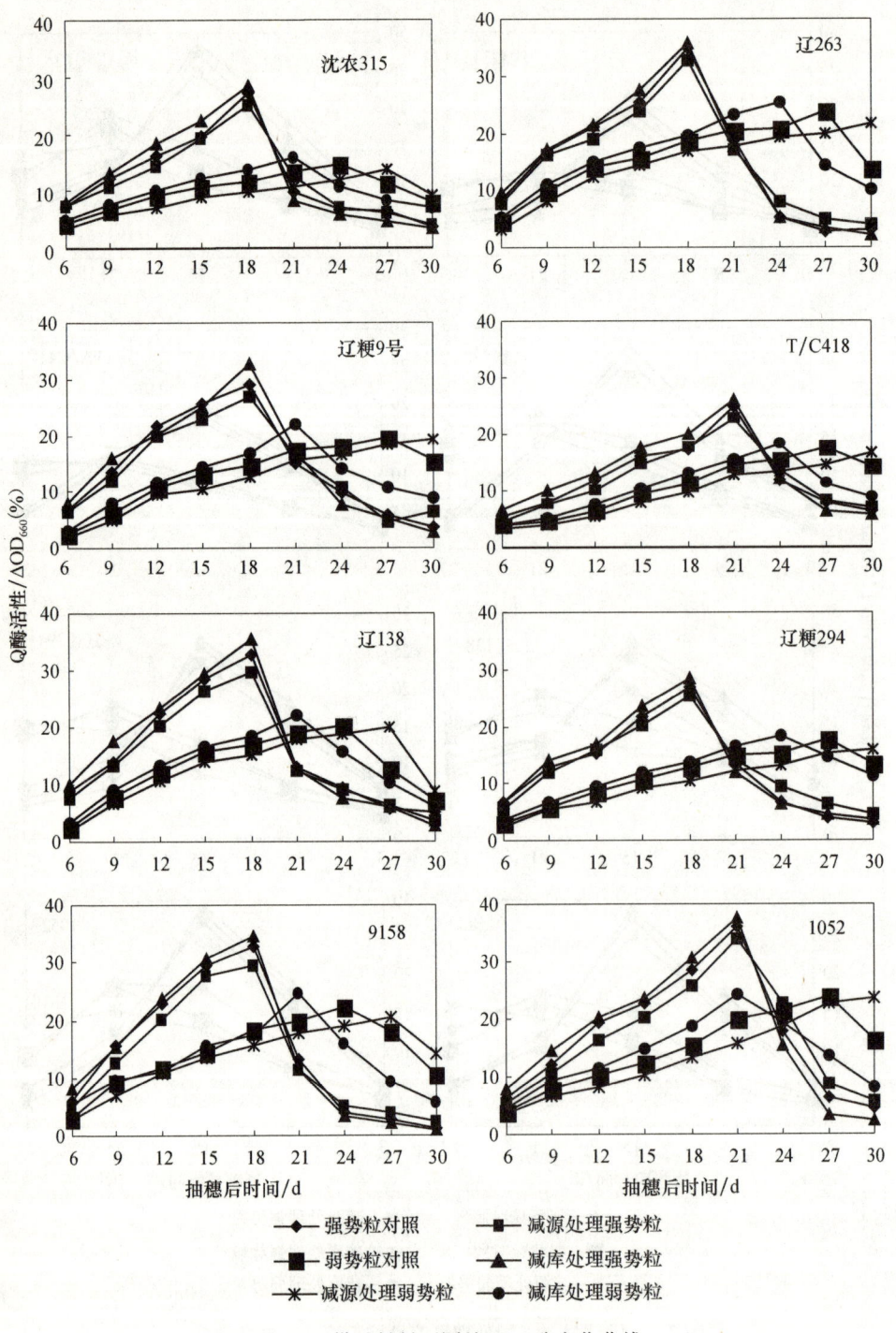

图 7-9　供试材料不同处理 Q 酶变化曲线

系数都非常大,其中弱势粒的垩白度高达97.51%。在蒸煮及食味品质方面,强势粒的直链淀粉含量高于弱势粒,变异系数大于弱势粒;强势粒的胶稠度比弱势粒大,即米胶长度比弱势粒长,且变异系数小于弱势粒。不管是强势粒还是弱势粒,其直链淀粉含量和胶稠度都达到优质米的标准。

表7-5 八品种强、弱势粒的稻米品质

		糙米率	精米率	整米率	粒长	粒形	垩白率	垩白度	直链淀粉	胶稠度
强势粒	平均	81.90	77.42	66.51	5.46	1.96	9.00	1.03	17.27	71.75
	标准差	1.66	3.06	2.97	0.38	0.17	6.16	0.89	0.96	4.37
	变异系数	2.03	3.96	4.46	7.02	8.85	68.49	86.16	5.56	6.09
弱势粒	平均	80.18	75.09	37.33	5.33	1.93	7.13	1.35	16.31	68.38
	标准差	6.11	5.86	4.98	0.28	0.15	6.71	1.31	0.78	6.39
	变异系数	7.62	7.81	13.33	5.31	7.56	94.13	97.51	4.80	9.35

7.2.4.2 源库处理对稻米品质的影响

通过去叶和去穗处理,研究源库处理对强势粒和弱势粒稻米品质的影响(表7-6),结果表明:在碾磨品质方面,减源处理后,其糙米率、精米率、整米率都比对照明显降低,表明减源处理加剧了源库矛盾,不利于碾磨品质的改进。在外观品质方面,减源处理使粒长缩短,垩白率和垩白度增加,粒长缩短不利于同化物的填充,垩白率和垩白度增加不利于外观品质的改进。在蒸煮及食味品质方面,减源处理使直链淀粉含量降低,胶稠度缩短。直链淀粉含量降低对食味的影响是有利于食味品质的改进。减库处理对稻米品质的影响与减源处理相反。这与吕文彦(2000)的研究趋势相同。

表7-6 源库处理对强、弱势粒稻米品质的影响

		糙米率	精米率	整米率	粒长	粒形	垩白率	垩白度	直链淀粉	胶稠度
强势粒	对照	81.90	77.42	66.51	5.46	1.95	9.00	1.03	17.27	71.75
	去叶	81.03	76.87	64.93	5.46	1.96	9.75	1.67	16.70	66.88
	去穗	82.82	78.28	67.12	0.55	1.93	6.25	1.28	17.65	76.75
弱势粒	对照	80.18	75.09	37.33	5.33	1.93	7.13	1.35	16.31	68.38
	去叶	79.66	74.64	32.33	5.31	1.95	12.38	3.56	15.63	62.63
	去穗	81.86	77.00	42.19	5.38	1.94	4.50	2.19	16.54	71.63

7.2.4.3 RVA谱特征

稻米淀粉黏滞性谱(由丁在黏度速测仪 Rapid Visco Analyser 上测定,故又称为RVA谱,RVA profile)是指米粉在加热、高温和冷却过程中黏度随之变化而形成的曲线。RVA谱在稻米的蒸煮与食用品质评价以及优质粳稻品种的选

育中具有重要的应用价值。表 7-7 反映的是源库处理下不同品种的 RVA 谱特征值、直链淀粉含量和胶稠度。由表 7-7 可见，不同品种表现出不同的 RVA 谱特征值。在正常条件下，RVA 谱特征值中的最高黏度、低谷黏度、崩解值、最终黏度、糊化温度趋势表现为辽 263＞9158＞辽 138＞辽粳 9 号，强势粒高于弱势粒。与对照相比，减源处理，RVA 谱特征值均下降（除消减值外），减库处理则相反。从表 7-7 还可以看出，最高黏度、崩解值与直链淀粉、胶稠度呈正相关。因此峰值黏度和崩解值在一定程度上可以反映大米的食用品质。直链淀粉含量越高，则峰值黏度越大，大米的食用品质就越差。这表明减源处理后，大米品质有所改善，减库则相反。弱势粒的米质优于强势粒，这与以往的研究结果一致。由于 RVA 测定条件模拟日常稻米蒸煮过程，测定的淀粉特性更能贴切反映品种（系）的米饭口感和质地，因而，可在一定程度上根据 RVA 谱特性判断出品种（系）食用品质的优劣，同时可望作为理化标记在食用优质稻米定向育种中加以应用。

7.2.5 生理特性与稻米品质的关系

粳稻籽粒灌浆期是稻米品质形成的关键时期，灌浆的好坏直接影响到稻米品质。由表 7-8 可见，最大灌浆速率与整米率、直链淀粉和胶稠度呈极显著正相关，与垩白度呈极显著负相关，与粒长和最高黏度呈显著正相关。平均灌浆速率与整米率、直链淀粉和胶稠度呈极显著正相关，与垩白度呈显著负相关，与最高黏度和低谷黏度呈显著正相关。ADPG 焦磷酸化酶与整米率、粒长、粒形和胶稠度呈极显著正相关。Q 酶与整米率呈极显著正相关，与垩白度、垩白率呈极显著负相关，与粒形、低谷黏度和糊化温度呈显著正相关。说明 Q 酶活性越强，垩白度和垩白率越低，这与李太贵等（1997）研究一致。可溶性淀粉合成酶与整米率、粒长、粒形、胶稠度和最高黏度呈极显著正相关，与低谷黏度呈显著正相关。蔗糖合成酶与整米率、粒长、粒形、直链淀粉和胶稠度呈极显著正相关，与低谷黏度呈显著正相关。由以上分析可以看出，籽粒生理活性及灌浆速率对整米率影响最大，其次是胶稠度，就本试验而言，对糙米率、精米率和最终黏度的影响最小，且没有达到显著相关水平。

表 7-7 各品种源库处理下的 AC、GC 和 RVA 谱特征值（RVU）

品种	强势粒	PKV	BDV	HPV	CPV	SBV	PT/℃	AC/%	GC/mm
	Sck	274.7	134.1	140.6	244.6	−30.1	79.2	16.4	69
辽 263	Scl	267.8	134.8	133	246.4	−21.2	79.2	16.12	64
	Sce	285.4	138.2	147.2	268.1	−17.3	79.1	16.74	76

续表

品种	强势粒	PKV	BDV	HPV	CPV	SBV	PT/℃	AC/%	GC/mm
辽粳9号	Sck	256.7	151.2	105.5	270.2	13.5	67.4	17.8	75
	Scl	243.3	144	99.3	261.7	18.4	66.6	17.03	70
	Sce	254.5	151.8	102.7	273.8	19.3	67.3	18.2	81
辽138	Sck	256.8	133.9	122.9	228.1	−28.7	69	16.1	79
	Scl	260.7	136.2	124.5	236.8	−23.9	69.8	15.81	72
	Sce	276.3	143.9	132.4	251.2	−25.1	70.7	16.53	86
9158	Sck	270.4	159.4	111	284.3	13.9	71.3	17.6	68
	Scl	232	151.2	80.8	261.4	29.4	68.95	16.95	62
	Sce	282.6	169	113.6	296.9	14.3	70.65	17.96	72
平均值	Sck	264.65	144.65	120	256.8	−7.85	71.725	16.98	72.8
	Scl	250.95	141.55	109.4	251.58	0.625	71.14	16.48	67
	Sce	274.7	150.73	123.98	272.5	−2.2	71.94	17.36	78.8
辽263	Ick	258.7	134.3	124.4	241.1	−17.6	77.6	15.70	64
	Icl	233	122.4	110.6	225.4	−7.6	77.55	14.37	60
	Ice	268	133.9	134.1	243.2	−24.8	77.6	15.87	69
辽粳9号	Ick	217.8	134.8	83	251.4	33.6	65.85	17.10	70
	Ice	295.2	173	122.2	311.2	16	66	17.30	76
辽138	Ick	249.3	133.5	115.8	228.8	−20.5	68.9	15.70	82
	Ice	270.1	135.1	135	237	−33.1	69	15.92	81
9158	Ick	240.5	150.3	90.2	262	21.5	68.9	15.30	62
	Icl	232	151.2	80.8	261.4	29.4	68.95	14.91	60
	Ice	262	157	105	275	13	69.7	15.63	68
平均值	Ick	241.58	138.23	103.35	245.83	4.25	70.31	15.95	69.5
	Icl	232.5	136.8	95.7	243.4	10.9	73.25	14.64	60
	Ice	273.83	149.75	124.08	266.6	−7.23	70.58	16.18	73.5

注：辽粳9号和辽138弱势粒由于样品量太少，缺少RVA谱特征值数据
PKV：最高黏度，HPV：低谷黏度，BDV：崩解值，CPV：最终黏度，SBV：消减值，PT：糊化温度，AC：直链淀粉，GC：胶稠度

表7-8 籽粒酶活性、灌浆速率与稻米品质的相关分析

	最大灌浆速率	平均灌浆速率	ADPG焦磷酸化酶	Q酶	可溶性淀粉合成酶	蔗糖合成酶
糙米率	0.1745	0.2188	0.1750	0.1875	0.1968	0.1218
精米率	0.1300	0.1594	0.0323	0.1215	0.1241	0.0785
整米率	0.8121**	0.8306**	0.5521**	0.4769**	0.6569**	0.6961**
粒长	0.2900*	0.2549	0.4370**	0.2245	0.4983**	0.5721**
粒形	0.2563	0.2031	0.4426**	0.3226*	0.4797**	0.5006**
垩白度	−0.3451**	−0.3066*	0.1625	−0.8120**	−0.3674*	−0.1128

续表

	最大灌浆速率	平均灌浆速率	ADPG焦磷酸化酶	Q酶	可溶性淀粉合成酶	蔗糖合成酶
垩白率	−0.0140	−0.0392	0.3538	−0.6957**	−0.1252	−0.1193
直链淀粉	0.5756**	0.5841**	0.3792	−0.0433	0.0544	0.4040**
胶稠度	0.7028**	0.6973**	0.4937**	0.1175	0.3708**	0.6323**
最高黏度	0.4987*	0.5141*	0.30317	0.2247	0.5418**	0.3613
低谷黏度	0.4199	0.4733*	0.3754	0.4795*	0.5017*	0.4575*
最终黏度	0.0864	0.0620	−0.1177	−0.3031	0.0670	−0.1203
糊化温度	−0.1616	−0.0554	−0.0945	0.6003*	0.0286	−0.1427

*在0.05水平上显著，**在0.01水平上显著

7.3 小　　结

通过对 8 个品种强势粒和弱势粒的生理特性及稻米品质的研究，验证了一些前人的结论，同时也得出了一些新的观点。

第一，粳稻籽粒增重过程呈 S 形曲线变化，可以用 Richards 方程模拟。8 个品种强势粒与弱势粒均表现异步灌浆，强势粒都具有比弱势粒更高的起始生长势，更早进入灌浆盛期，强势粒都比弱势粒充实好，籽粒更饱满。减库与减源处理对强势粒的影响较小，而对弱势粒的影响较大。粳稻弱势粒的灌浆特征受源库相对比例关系的影响很大。不同品种间弱势粒灌浆特征的差异，可能是由该品种的遗传特性所决定的。

第二，籽粒中蔗糖的变化及淀粉积累的差异主要表现在弱势粒之间，强势粒相差较小。在灌浆前期，强势粒蔗糖含量高于弱势粒，但后期低于弱势粒。强势粒的淀粉含量始终高于弱势粒，尤其在前期，强势粒的淀粉积累速率高于弱势粒。

第三，籽粒胚乳发育中，5 种酶的活性表现为：粒位之间比较，强、弱势粒发育胚乳中，酶的活性变化均为单峰曲线。强势粒峰值出现的时间均早于弱势粒，在灌浆前期，酶的活性与酶最大活性高于弱势粒，在灌浆后期，弱势粒中酶的活性略高于强势粒；品种之间比较，一般灌浆速率高的品种，酶活性高，峰值也高，达到最大速率时间早的品种，酶活性峰值出现的时间也早。酶之间比较，在分解蔗糖方面，蔗糖合成酶起着关键作用，蔗糖酶只起辅助作用。ADPG焦磷酸化酶、可溶性淀粉合成酶、蔗糖合成酶和 Q 酶与平均灌浆速率和最大灌浆速率都达到极显著正相关水平，说明这 4 种酶在淀粉合成和积累过程中起着关键作用，其中 ADPG 焦磷酸化酶和可溶性淀粉合成酶作用最大。

第四，源库处理对酶活性的影响：与对照相比，减库处理后，酶活性提高，而减源处理后，酶活性降低。源库处理对强势粒出现峰值的时间没有影响，但对弱势粒影响较大。减库处理使弱势粒的峰值提前，但减源处理相反。

第五，不同品种表现出不同的 RVA 谱特征值。品种之间，辽 263＞9158＞辽 138＞辽粳 9 号；粒位间，强势粒高于弱势粒。与对照相比，减源处理，RVA 谱特征值均下降（除消减值外），减库处理则相反。

第六，籽粒生理活性及灌浆速率对整米率影响最大，其次是胶稠度，对糙米率、精米率和最终黏度的影响最小，且没有达到显著相关水平。

7.4 讨 论

粳稻结实是一个复杂的过程，同化产物以蔗糖的形式从源器官——叶运到库器官——籽粒中，首先是卸载到胚乳中，然后通过珠心细胞在蔗糖浓度的推动下进入胚乳。之后，在蔗糖酶和蔗糖合成酶的作用下，将蔗糖分解。蔗糖不仅是淀粉合成的物质基础，而且很有可能影响籽粒发育早期与淀粉合成有关酶的基因的表达。蔗糖酶和蔗糖合成酶在活性上，不论是强势粒还是弱势粒，蔗糖酶的活性都显著小于蔗糖合成酶，说明蔗糖酶只起辅助作用，而蔗糖合成酶是降解同化产物的关键酶，其主要调控源器官输入蔗糖的多少和代谢蔗糖的能力。

Nakamura 等（1989）对粳稻胚乳中与淀粉合成有关的 18 种酶活性进行测定，结果表明 ADPG 焦磷酸化酶和 Q 酶是控制淀粉合成的关键酶。Keeling 等（1988）认为，可溶性淀粉合成酶是控制淀粉积累的关键酶。梁建生等（1994）却认为 ADPG 焦磷酸化酶和可溶性淀粉合成酶是关键酶。Smith 等（1995）基于 ADPG 焦磷酸化酶在体内催化淀粉合成过程中的不可逆反应，以及一些突变体贮藏器官中 ADPG 焦磷酸化酶活性下降与淀粉积累相伴发生的事实，指出 ADPG 焦磷酸化酶是控制贮藏器官中淀粉积累的关键性酶。近年来，人们试图通过生物技术创造出高 ADPG 焦磷酸化酶活性的转基因植株，从而提高作物的产量。自国际粳稻所提出"超级稻"（亦称为新株形稻）概念后，我国学者已开展了相关的系列研究，其中对北方新株形稻超高产育种的基础研究已经较多（陈温福等，2003；郭玉华，1999）。但由于在研究中还较少涉及上述关键酶，因此本试验从籽粒灌浆特性、酶的活性及与稻米品质关系三方面着手，对北方新株形稻进行更深入研究。结果表明粳稻籽粒增重过程呈 S 形曲线变化，可以用 Richards 方程模拟。8 个品种强势粒与弱势粒均表现异步灌浆，强势粒的起始生长势都比弱势粒高，且更早进入灌浆盛期，强势粒都比弱势粒充实好，籽粒更饱满。籽粒中蔗糖的变化及淀粉积累的差异主要表现在弱势粒之间，强势粒相差较小。

目前，果实糖积累与糖信号的关系已引起关注，糖作为一种信号分子，可能对源库关系起调控作用，同时与糖代谢基因表达有关。对粳稻籽粒胚乳淀粉的生物合成及其调节人们有了初步的了解，特别是有关淀粉生物合成过程中的关键酶及其基因工程方面的研究已经取得了可喜的进展。

第四篇　施肥及栽培方式对粳稻产量影响

第8章 不同类型粳稻品种氮肥利用效果研究

8.1 材料与方法

8.1.1 试验材料

采用6个不同类型的粳稻品种和杂交组合,包括我省粳稻品种沈农8801、辽粳454和杂交组合笹A/8142,日本的超高产品种奥羽316和优质米品种秋光。

8.1.2 试验方法

8.1.2.1 盆栽试验

盆高40cm,盆上径40cm,盆下径12cm。每盆装稻田土10kg。土壤含碱解氮110.215ppm[①],速效磷35.72ppm,速效钾129.85ppm。设三个氮素水平,即高肥(折合每公顷1200kg硫酸铵)、中肥(折合每公顷600kg硫酸铵)和低肥(不施氮肥)。每盆插2穴,每穴插单株,3次重复。氮肥施用方式为基:蘖:穗:粒肥=4:3:2:1。

8.1.2.2 群体试验

品种不变,采用随机区组设计,4次重复,小区面积6.84m²。单本插秧,行株距为30cm×13.3cm。营养土保温旱育秧,4月12日播种,5月20日移栽,井水灌溉。

8.1.3 项目调查

(1) 抽穗前每隔1~2周调查一次分蘖和株高,分析分蘖和株高发展动态。
(2) 群体试验于灌浆期用棒式照度计每隔15cm测光强,计算透光率。
(3) 用美国产LI-6200便携式光合仪于灌浆期测定剑叶的光合速率,在晴天10:00~12:00时进行。
(4) 在抽穗期、灌浆期和成熟期用硫代巴比妥酸法测定丙二醛含量,用丙酮乙醇法测定叶绿素含量(张宪政,1994)。
(5) 于成熟期取代表样2穴,进行室内考种,考察产量性状。小区单打

---

① ppm 为 10^{-6}

单收。

8.2 结果与分析

8.2.1 不同氮肥水平下各品种生物产量、经济产量和经济系数

从物质生产角度而言,经济产量=生物产量×经济系数。本研究结果表明,所有参试品种的共同趋势是随着氮肥施用量的增加,生物产量和经济产量均增加(图8-1和图8-2),但经济系数则高肥处理比低肥处理有所降低(图8-3),也就是说,经济系数随着生物产量的增加而有所下降。如沈农8801,在低肥、中肥和高肥条件下,每盆生物产量分别为64.8g、121.8g和157.0g,经济产量分别为36.6g、58.4g和75.2g,经济系数分别为0.56、0.48和0.48。这种趋势表明,通过增加施氮量而提高粳稻产量,产量的增加主要依靠生物产量的增加。所以,如何通过施肥技术来协调生物产量和经济系数的矛盾,使二者乘积达到最大值,是实现品种高产的关键。杂交稻笹A/8142既具有较高的生物产量,又具有较高的经济系数,因此在个体情况下,产量最高。直立穗型品种辽粳454两项指标均较低,所以经济产量也较低。

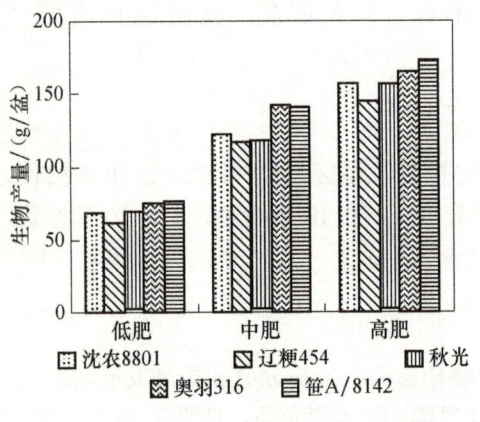

图 8-1 不同品种不同氮素水平生物产量

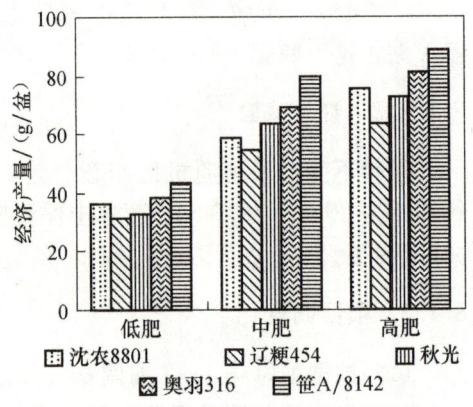

图 8-2 不同品种不同氮素水平经济产量

8.2.2 不同氮素水平下各品种主要农艺性状的差异

8.2.2.1 每株有效穗数

三种氮肥水平处理条件下,弯曲穗型品种秋光每株有效穗数最多,直立穗型品种辽粳454最少(图8-4)。低肥和中肥处理条件下,弯曲穗型品种的分蘖力高

于直立穗型品种，这种差异中肥处理要高于低肥处理。高肥处理也有相同趋势，但直立穗型品种沈农 8801 每株穗数显著提高，超过杂交稻笹 A/8142。辽粳 454 高肥处理每株穗数与中肥处理相似。中肥条件下，弯曲穗型品种每株穗数比低肥条件下明显增加，但中肥和高肥处理条件下每株穗数差异不显著，而且品种间差异也不显著。所以，单纯依靠提高肥力而提高弯曲穗型品种每株有效穗数的潜力是有限的。直立穗型品种沈农 8801 的单株分蘖力在高氮肥条件下每株穗数明显提高。

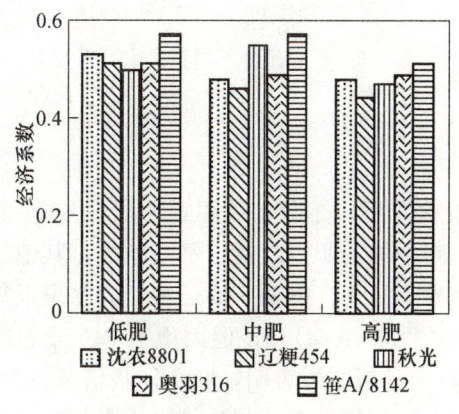

图 8-3　不同品种不同氮素水平经济系数

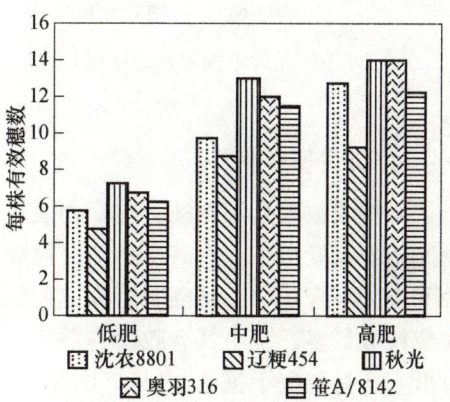

图 8-4　不同品种不同氮素水平每株有效穗数

8.2.2.2　每穗成粒数

不同肥力条件下，不同品种每穗成粒数变化情况各异（图 8-5）。秋光每穗成粒数变化不大；沈农 8801 在低肥条件下最高，每穗成粒数为 116.4 粒，中肥处理最低，这可能与每株穗数增多引起每穗颖花量下降有关；辽粳 454 每穗成粒数中肥条件下比低肥条件下增加 12.6%，高肥处理略低于中肥处理；奥羽 316 和笹 A/8142 每穗成粒数中肥处理明显大于低肥处理，但在高肥条件下，每穗成粒数却有所下降。以上结果表明，除分蘖力较弱的辽粳 454 以外，其他品种（杂交组合）随着氮肥施用量的增加，每穗成粒数有所下降，这主要与每株有效穗数的增加有关。

8.2.2.3　千粒重

同一品种不同肥力条件下千粒重差异不大（图 8-6），沈农 8801 和笹 A/8142 千粒重最大，奥羽 316 千粒重最小。说明千粒重主要受品种本身遗传特性影响，而肥力因素对其影响不大。

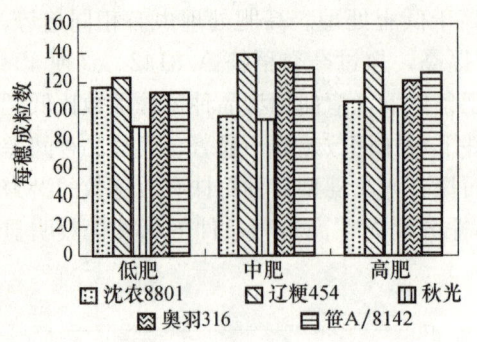
图 8-5 不同品种不同氮素每穗成粒数

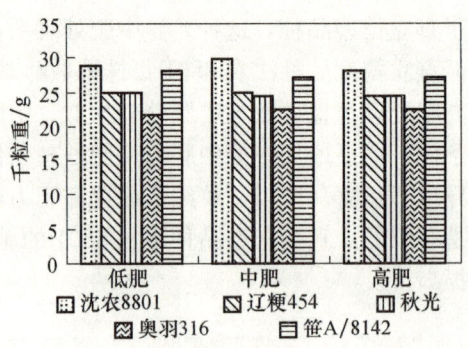
图 8-6 不同品种不同氮素水平千粒重

8.2.2.4 每株成粒数

每株成粒数是每株穗数与每穗成粒数的乘积,亦即有效库容。沈农 8801 和秋光随着氮素水平的提高,每株成粒数不断增加,所以产量也不断增加。其他品种和杂交组合从中肥到高肥每株成粒数差异不显著。奥羽 316 三种肥力水平下每株成粒数最多,说明其有效库容最大,其次为笹 A/8142,但因奥羽 316 千粒重过低,产量仅次于笹 A/8142(图 8-7)。以上分析结果表明,在个体栽培条件下,光照充足,有效库容越大的品种(杂交组合)产量越高。产量排序为大穗大粒型的笹 A/8142>大穗小粒型的奥羽 316>中穗大粒型的沈农 8801>小穗多穗型的秋光>大穗少穗型的辽粳 454。

8.2.2.5 抽穗期

抽穗期是一个重要的农艺性状,不同品种的抽穗期对氮肥的敏感程度不同。比较结果表明,由低肥到中肥,沈农 8801 抽穗期提前 4 天,笹 A/8142 抽穗期提前 3 天,辽粳 454 和奥羽 316 提前 2 天,秋光抽穗期基本没有变化。由中肥到高肥各品种抽穗期无明显变化(图 8-8)。

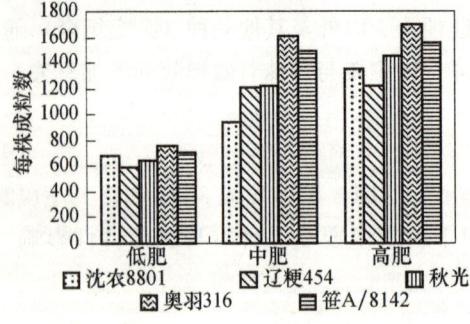
图 8-7 不同品种不同氮素水平每株成粒数

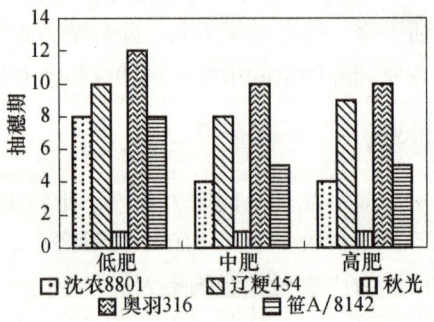
图 8-8 不同氮素水平下各品种的抽穗期

8.2.3 不同氮素水平下各品种的生理特性研究

8.2.3.1 不同氮素水平下各品种的分蘖动态

由图 8-9～图 8-11 可知，除辽粳 454 以外，其他品种随着施肥水平的提高，生育进程越来越接近，但品种间依然存在差异。在三种氮肥水平下，辽粳 454 分蘖力最低，最终每株有效穗数也最低。但辽粳 454 却具有较高的分蘖成穗率，而且随着施肥水平的提高，分蘖成穗率有上升趋势。秋光和笹 A/8142 分蘖动态曲线相似，但穗数型品种秋光比笹 A/8142 具有更高的分蘖成穗率。在中肥条件下，秋光最高分蘖数最大，成穗率也较高，为 71.0%。沈农 8801 和笹 A/8142 虽然具有较大的最高分蘖数，但分蘖成穗率并不高。奥羽 316 具有最高分蘖成穗率，产量也较高。在高肥条件下，沈农 8801 和杂交稻笹 A/8142 分蘖动态曲线相似，分蘖成穗率较低。奥羽 316 和秋光分蘖成穗率较高。

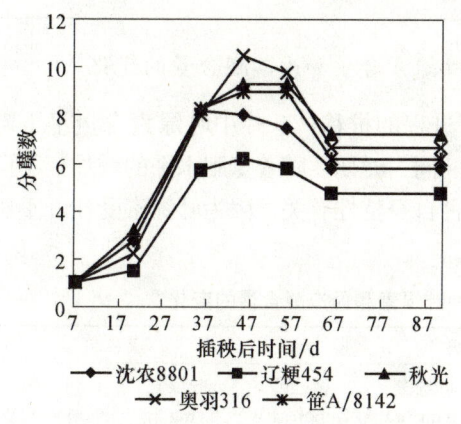

图 8-9 不同品种低肥处理分蘖动态　　图 8-10 不同品种中肥处理分蘖动态

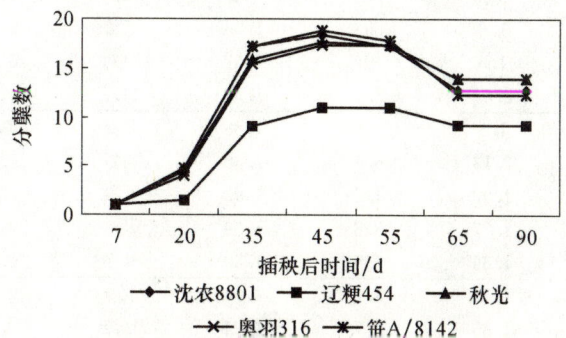

图 8-11 不同品种高肥处理分蘖动态

8.2.3.2 不同氮素水平下各品种光合速率的差异

在灌浆期测定不同氮素水平不同粳稻品种的剑叶光合速率，结果表明，在个体栽培条件下，低肥和中肥处理各品种间光合速率差异不显著。随着氮肥施用量的增加，各品种光合速率也增加（表8-1）。高肥处理沈农8801的光合速率明显高于其他品种。

表 8-1 灌浆期不同氮肥水平下各品种下剑叶光合速率

[单位：μmol/(m² · s)]

品种	低肥	中肥	高肥
沈农 8801	5.03	6.80	11.2
辽粳 454	4.49	6.49	6.34
秋光	3.26	5.55	6.96
奥羽 316	4.72	5.32	7.41
笹 A/8142	3.52	6.09	6.36

8.2.3.3 不同氮肥水平下各品种下叶片叶绿素含量和丙二醛含量的变化

各品种在相同氮素水平下，随着生育进程的推移，叶片中叶绿素含量呈下降趋势，而丙二醛含量呈上升趋势（表8-2）。同一时期，随着氮肥水平的增加，不同品种叶绿素含量变化较复杂，这可能与品种自身特性有关。因为叶绿素受比叶重影响较大，而比叶重又受品种分蘖力的影响。

表 8-2 不同氮肥水平下各品种叶绿素和丙二醛含量的变化

氮水平	品种	抽穗期 叶绿素 /(mg/g)	抽穗期 丙二醛 /(μmol/gFW)	灌浆期 叶绿素 /(mg/g)	灌浆期 丙二醛 /(μmol/gFW)	成熟期 叶绿素 /(mg/g)	成熟期 丙二醛 /(μmol/gFW)
低氮	沈农 8801	2.04	8.5	1.72	11.1	0.37	11.3
	辽粳 454	2.23	7.2	1.2	10.7	0.54	11.7
	秋光	1.3	9	1.05	9.2	0.62	11.7
	奥羽 316	1.6	9	1.57	11.1	0.46	12.1
	笹 A/8142	2.01	8.1	1.38	11.2	0.45	12.6
中氮	沈农 8801	1.8	5.6	1.88	8.3	0.4	11.6
	辽粳 454	2.13	6.1	1.38	12	0.53	10.9
	秋光	1.92	4.6	1.93	8.6	0.37	13.8
	奥羽 316	1.77	8.8	1.39	8.3	0.47	12
	笹 A/8142	1.86	7.5	1.59	9.7	0.45	14.3
高氮	沈农 8801	1.76	8.9	1.74	9.9	0.36	13.5
	辽粳 454	1.85	8.7	1.34	10.8	0.92	12.7
	秋光	2.05	10.1	1.75	10.7	0.62	13.2
	奥羽 316	2.16	11.2	2.05	9	0.62	12.9
	笹 A/8142	2.25	6.9	2.04	9	0.46	15.9

8.2.4 不同氮素水平下各品种某些形态特征的差异

8.2.4.1 株高

总的趋势是随着施肥量的增加，株高增加（图 8-12）。直立穗型品种沈农 8801 低肥下株高为 74.5cm，中肥下为 82.2cm，增加 10.3%，辽粳 454 增加 12.6%。弯曲穗型品种秋光增加 15.1%，奥羽 316 增加 8.1%，笹 A/8142 增加不显著。中肥和高肥条件下，各品种变化不显著。

8.2.4.2 穗颈弯曲度

基本趋势是随着氮肥施用量的增加，穗颈弯曲度也随着增加，但直立穗型品种和弯曲穗型品种存在着差异（图 8-13）。由低肥到中肥，直立穗型品种穗颈弯曲度增加幅度较小，弯曲穗型品种增加幅度较大，如沈农 8801 和辽粳 454 分别增加 2°和 10.3°，秋光和奥羽 316 分别增加 23.7°和 18.3°；从中肥到高肥，直立穗型品种穗颈弯曲度增加幅度比弯曲穗型品种大，如沈农 8801 和辽粳 454 分别增加 14.0°和 30.0°，辽粳 454 几乎成为弯曲穗型品种。秋光和奥羽 316 分别增加 3.7°和 4.9°。杂交稻笹 A/8142 三种氮肥水平下穗颈弯曲度变化不明显，在低肥下也具有较大的穗颈弯曲度。

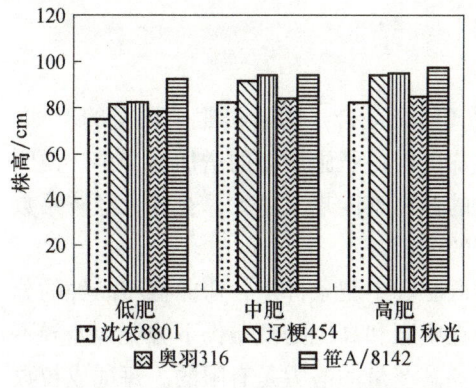

图 8-12 不同品种不同氮素水平株高

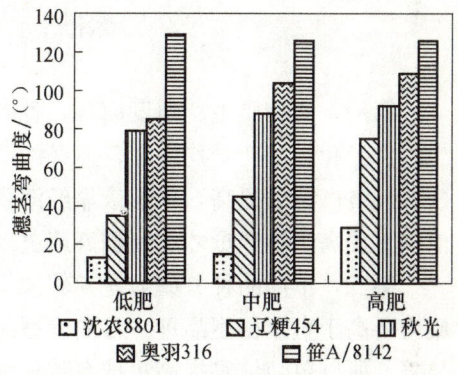

图 8-13 不同品种不同氮素处理穗颈弯曲度

8.2.5 不同品种中等肥力下群体生产力和个体生产力的比较

在个体栽培条件下，品种产量有较大差别，弯曲穗型品种产量高于直立穗型品种，笹 A/8142 最高，辽粳 454 最低。在群体条件下，沈农 8801 产量最高。笹 A/8142 和辽粳 454 群体产量也较高。秋光和奥羽 316 群体产量却较低（表 8-3）。

表 8-3　不同品种群体和个体栽培条件下的产量

品种	沈农 8801	辽粳 454	秋光	奥羽 316	笹 A/8142
个体产量/(g/盆)	58.4	54.2	63.6	69.2	80
群体产量/(t/hm^2)	9.9	9.2	8.7	8	9.5

不同群体光分布测定结果表明，杂交稻笹 A/8142、沈农 8801 和辽粳 454 光分布相似，秋光和奥羽 316 光分布相似。前三者产量较高，后二者产量较低，原因是在距离地面 75cm 处，前者透光率明显好于后者（图 8-14）。

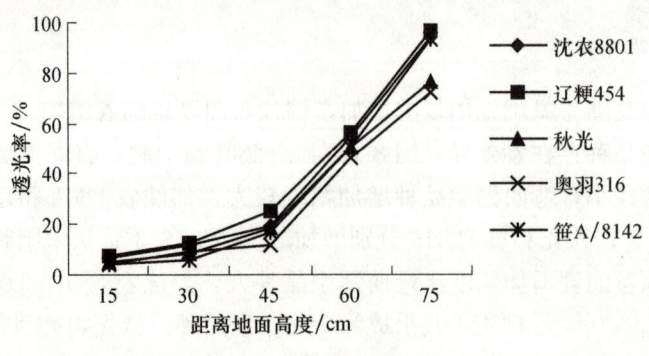

图 8-14　不同品种群体光分布

8.3　小　　结

第一，从物质生产角度而言，各品种（杂交组合）随着氮肥施用量的增加，生物产量和经济产量均增加，但经济系数却随着氮肥施用量的增加而变小。说明随着经济产量的提高，单纯依靠经济系数的提高难度越来越大，在较大经济系数前提下提高生物产量才是粳稻高产更高产的关键。

第二，不同品种分蘖力差异较大。在低肥和中肥条件下，弯曲穗型品种的分蘖力要高于直立穗型品种。弯曲穗型品种在中肥和高肥处理条件下分蘖力差异不显著，所以单纯依靠提高每株有效穗数而提高产量的潜力是有限的。每穗成粒数却随着氮肥水平的提高、每株穗数的增加而呈减少趋势。同一品种千粒重受氮肥影响差异不大。在个体栽培条件下，随着氮肥的增加每株成粒数有增加趋势，经济产量也随着每株成粒数的增加而增加。说明在个体栽培条件下，库容越大的品种产量也越高。

第三，在个体栽培条件下，各品种光合速率随着氮肥施用量的增加而增加。但在同一施肥水平下，各品种光合速率差异不显著。叶绿素含量在同一施肥水平下，随着生育进程的推移而变少，丙二醛含量增加。施肥量对叶绿素和丙二醛含量的影响情况较复杂。虽然在个体条件下直立穗型品种产量较低，但在群体条件下，直立穗型品种产量却优于某些弯曲穗型品种。直立穗型品种沈农 8801、辽粳 454 和杂交稻笹 A/8142 群体产量较高的原因之一是群体光分布较合理。

第四，株高受肥力影响变化较大。由低肥到中肥，除杂交稻以外，各品种均有不同程度的提高。中肥和高肥各品种株高差异不显著。穗颈弯曲度各品种也随着氮肥施用量的增加而增加。

第 9 章 栽培方式对粳稻产量的影响

合理的栽培方式，可以充分利用光能和地力，最大限度地提高粳稻单位面积的产量和经济效益。就辽宁而言，粳稻每公顷产量超过 7.5t 以后，欲获得更高产量，粳稻群体往往存在着较为突出的问题，如倒伏、病虫害以及早衰等。北方稻区广泛开展了旱育稀植、超稀植以及大垄双行的研究，并取得了喜人的成果。以往的研究多以弯曲穗型品种为试材，而对直立穗型品种研究较少。

9.1 材料与方法

9.1.1 供试品种

沈农 8801。

9.1.2 栽培方式

设行距为 20cm、30cm、40cm、(40+20)cm 及 (50+10)cm；穴距为 10cm、15cm 及 20cm；采用随机区组排列，3 次重复，每次重复 15 个处理；小区长 7m，小区面积分别为 $8.4m^2$、$12.6m^2$ 和 $16.8m^2$；小区实打实收，最后折合成每公顷产量进行统计分析。

9.1.3 田间管理

采用营养土保温旱育苗，4 月 5 日用 500 倍液 EM 浸种 3 天，4 月 12 日播种，5 月 20 日移栽，每穴插秧 2~3 株；每公顷施用尿素 375kg，二铵 150kg。

9.1.4 测试方法

调查生育时期、倒伏情况及病虫鼠害情况。定点调查分蘖动态、株高动态、叶面积发展动态以及干物质积累动态。

9.2 结果与分析

9.2.1 不同栽培方式对产量及主要农艺性状的影响

9.2.1.1 产量方差分析

方差分析结果表明，处理间产量差异达极显著水平。产量居前 5 位的处理依次为（40＋20）cm×15cm、（40＋20）cm×20cm、40cm×15cm、（50＋10）cm×15cm 和 20cm×20cm，每公顷产量分别为 10.7t、10.6t、9.9t、9.8t 和 9.6t。产量居后 5 位的处理依次为（50＋10）cm×10cm、30cm×10cm、40cm×20cm、30cm×20cm 和 20cm×10cm，每公顷产量分别为 8.7t、8.6t、8.6t、8.5t 和 8.4t。多重比较结果表明，（40＋20）cm×15cm 处理和（40＋20）cm×20cm 处理与后 5 位产量差异达显著水平。其他处理产量差异不显著（表 9-1）。

表 9-1 不同栽培方式产量和产量构成因素

行距/cm	穴距/cm	产量/(t/hm²)	每公顷穗数/10⁶	每穗颖花数	每穗成粒数	千粒重/g
40＋20	15	10.7	3.78	138.0	105.7	28.9
40＋20	20	10.6	3.68	131.1	103.1	28.5
40	15	9.9	3.15	137.2	108.6	29.1
50＋10	15	9.8	3.41	134.6	102.9	28.4
20	20	9.6	3.95	122.4	92.3	27.9
20	15	9.5	4.02	123.5	97.3	27.5
30	15	9.3	3.30	132.9	88.0	28.6
40＋20	10	9.1	3.38	125.1	97.2	28.3
50＋10	20	9.1	3.11	128.0	98.5	28.9
40	10	9.1	3.23	126.7	97.1	28.7
50＋10	10	8.7	3.59	126.6	97.3	28.7
30	10	8.6	3.38	121.0	90.8	28.5
40	20	8.6	2.9	127.1	101.1	29.5
30	20	8.5	2.87	126.9	99.0	29.1
20	10	8.4	3.30	119.4	91.7	28.1

9.2.1.2 每公顷穗数

一般而言，每公顷穗数是决定每公顷产量的主要因素之一，足够的穗数是实现高产的保证。相关分析结果表明（表 9-2），每公顷穗数与每穗颖花数、每穗成粒数、千粒重存在显著或极显著负相关，说明每公顷穗数与穗部性状存在着一定矛盾。每公顷穗数过多，其他产量构成因素就要受到一定程度的削弱，致使每穗成粒数和千粒重下降，从而导致减产。本研究结果表明，每公顷穗数与产量呈显著的二次曲线。每公顷最适穗数为 351.0 万（图 9-1）。穗数过多不利于高产，如 20cm×10cm 和 30cm×10cm 处理每公顷穗数为 330.0 万和 338.0 万，但产量却较低。每公顷穗数过低，也会影响产量，如 30cm×20cm 和 40cm×20cm 处理每公顷穗数仅为 290 万左右，产量明显降低。

表 9-2 产量及农艺性状相关系数

	穗数	每穗颖花数	每穗成粒数	千粒重
每穗颖花数	−0.354*			
每穗成粒数	−0.417**	0.770**		
千粒重	−0.409**	0.362*	0.430**	
产量	−0.006	0.367*	0.346*	−0.131

注：$n=45$ $r_{0.01}=3.80$ $r_{0.05}=2.95$

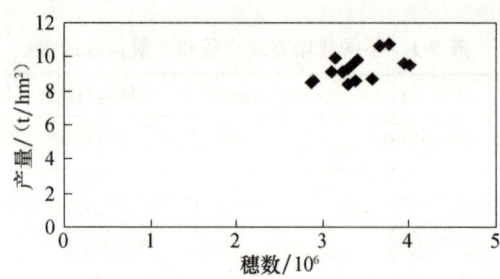

图 9-1 每公顷穗数与产量的关系

9.2.1.3 每穗颖花数、每穗成粒数和千粒重

每穗颖花数、每穗成粒数和千粒重三者成显著或极显著正相关，说明在本试验条件下，每穗粒数的增加并不影响粒重的增大。如大垄双行（40＋20）cm×15cm 处理和超稀植栽培 40cm×20cm 处理，其每穗成粒数均较多，而千粒重也较大，这主要与群体通风透光良好和边际效应有关。

9.2.2 不同栽培方式边际效应分析

9.2.2.1 每穗颖花数

行距为 20cm 时，每穗颖花数并不随着穴距的加宽而增加，差异也不大。但随着行距的变化，穴距为 15cm 的各个处理每穗颖花数均高于 10cm 和 20cm 穴距的处理。行距为（40＋20）cm，穴距为 15cm 处理的每穗颖花数最多，比 30cm×10cm 和

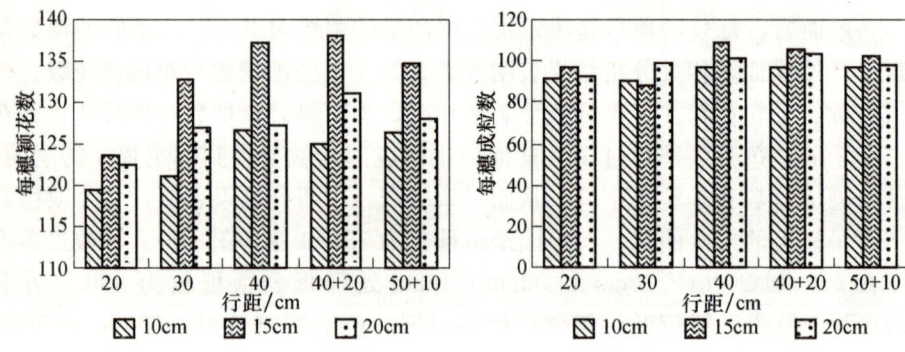

图 9-2 不同栽培方式每穗颖花数比较   图 9-3 不同栽培方式每穗成粒数的比较

20cm×10cm 处理分别高 14% 和 16%（图 9-2，图 9-3）。

9.2.2.2 每穗成粒数

行距为 20cm 时，每穗成粒数随穴距增加变化不大。行距为 30cm 时，穴距为 20cm 的每穗成粒数高于穴距为 10cm 和 15cm 处理。行距为 40cm，穴距为 15cm 处理的每穗成粒数最多。宽窄行处理相同穴距每穗成粒数差异不大，但穴距同为 15cm 时，宽窄行（40+20）cm 成粒数为 105.7，比 30cm 行距的 88.0 增加 20%，这是二者产量存在较大差异的主要原因。

9.2.2.3 千粒重

穴距一定时，千粒重随着行距的增大而增大。行距为 20cm 时，不同穴距千粒重差异不大。行距为 30cm 和 40cm 时，穴距为 20cm 的千粒重分别高于其他两种穴距。宽窄行（40+20）cm，穴距为 15cm 的千粒重高于其他两个穴距（图 9-4，图 9-5）。

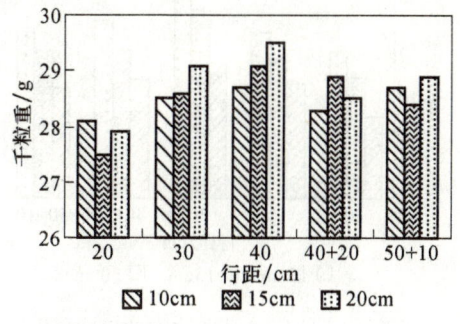

图 9-4 不同粳稻栽培方式千粒重比较

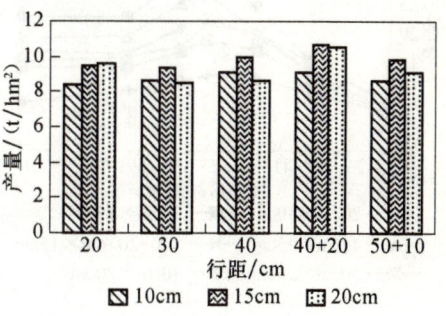

图 9-5 粳稻栽培方式产量比较

9.2.2.4 产量

行距为 20cm，穴距为 10cm 产量最低，为每公顷 8.4t，穴距为 15cm 和 20cm 产量差别不大，分别为 9.5t 和 9.6t。随着行距的增大，穴距为 10cm 和 15cm 的处理产量有增加趋势，而穴距 20cm 处理产量却下降。相同穴距，宽窄行（40+20）cm 处理的产量高于其他行距，而且产量以穴距 15cm 为最高，比 20cm×15cm 和 30cm×15cm 处理分别增加 13.2% 和 15.3%。

9.2.3 不同栽培方式对粳稻群体生长发育的影响

9.2.3.1 每穴分蘖及有效穗数

相同穴距，随着行距的增加，每穴有效穗数也增加；相同行距，随着穴距的增加,每穴有效穗数也呈增加趋势。说明单株有效分蘖与营养面积有关。营养面积越大,有效分蘖越多。其中行距为40cm,穴距为20cm处理的每穴有效穗数最多,为每穴22.3个;行距为20cm,穴距为10cm处理的每穴有效穗数最少,为每穴8.1个。在穴距相同的情况下,行距为30cm的处理与宽窄行(40+20)cm处理的每穴有效穗数差别不大,分别为13.9和14.9。回归分析结果表明,每穴有效穗数与产量存在二次曲线关系,过多或过少均不利于高产,如40cm×20cm和20cm×10cm的处理。原因是40cm×20cm处理虽然每穴穗数多,但每公顷有效穗数不足,而20cm×10cm处理的尽管每穴穗数较少,但每公顷有效穗数过多,产量结构不合理。

在行距或穴距一定时,单株分蘖力随着穴距或行距的增加而增大。分蘖力大小依次为40cm×20cm＞40cm×15cm＞30cm×20cm＞(40+20)cm×15cm＞30cm×15cm＞20cm×10cm(图9-6,图9-7)。

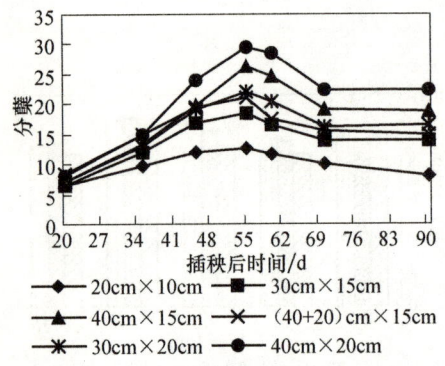

图9-6 不同栽培方式分蘖消长曲线

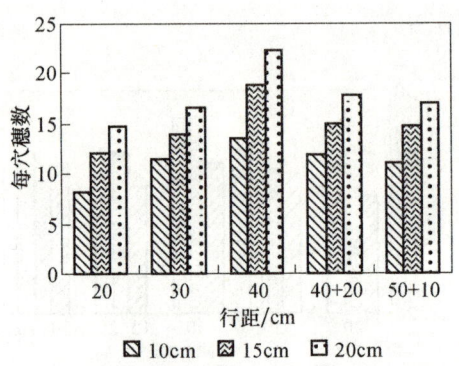

图9-7 不同栽培方式每穴有效穗数的比较

9.2.3.2 叶面积和叶面积指数

在分蘖期,低产群体和高产群体个体叶面积无差别;在拔节期,40cm×20cm、(40+20)cm×15cm和30cm×20cm处理单株叶面积增长较快;拔节后至抽穗期,(40+20)cm×15cm、40cm×15cm和40cm×20cm处理单株叶面积迅速增加;灌浆期,40cm×20cm处理叶面积下降缓慢,其他处理单株叶面积下降较快;成熟期40cm×20cm、40cm×15cm及(40+20)cm×15cm仍有较大的叶面积。20cm×10cm处理在每个生育时期单株叶面积都处于最小,产量也最低(图9-8)。叶面积指数以20cm×10cm处理为最大,抽穗期最大叶面积指数为7.54,超过最适叶面积指数,这也是造成单株叶面积最小的原因。灌浆也较低(图9-9)。

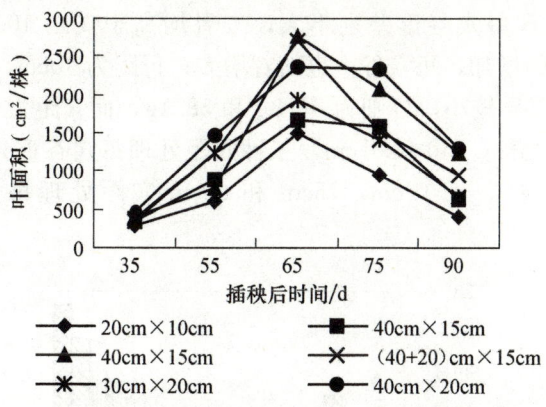

图 9-8 不同栽培方式单株叶面积比较

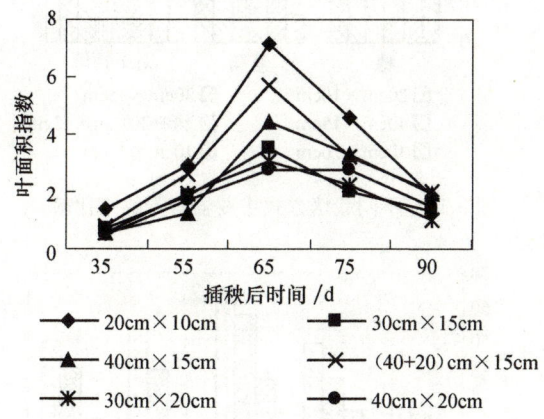

图 9-9 不同栽培方式叶面积指数动态

9.2.3.3 主要器官干物重和谷草比

单株穗重 40cm×20cm 处理最大，20cm×10cm 处理最小，茎鞘重和总干物重也有相同趋势（图 9-10）。但单株干重大并不意味着群体干物重大，如 20cm×10cm 处理每公顷干物重却高于 40cm×20cm 处理。群体干物重大也并不意味着产量一定高。回归分析结果表明，每公顷干物重与产量呈抛物线。比较结果表明，密植群体的谷草比一般低于稀植群体，如 40cm×15cm 和（40+20）cm×20cm 处理谷草比分别为 1.14 和 1.12，20cm×10cm 处理谷草比仅为 0.80。在有较大的干物质积累的基础上，较大的谷草比才是获得高产的关键。

9.2.3.4 每穴谷重

在穴距相同时，每穴谷重随着行距的增加而增大。行距为 20cm 时，穴距

15cm 和 20cm 处理每穴谷重差别不大，二者均高于穴距 10cm 处理；行距为 30cm，随着穴距的增加，每穴谷重也随着增大；行距为 40cm，20cm 和 15cm 穴距处理每穴谷重差异较小，分别为 62.8g 和 58.1g，而穴距为 10cm 处理每穴谷重仅为 38.6g。宽窄行（40+20）cm，三种穴距处理每穴谷重分别依穴距的增加而增大；宽窄行（50+10）cm，15cm 和 20cm 穴距处理每穴谷重差异不大（图 9-11）。

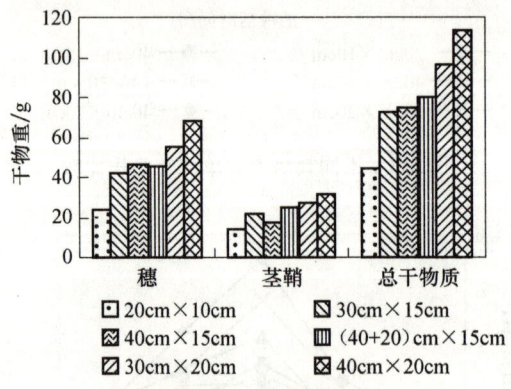

图 9-10　不同栽培方式主要器官干物重比较

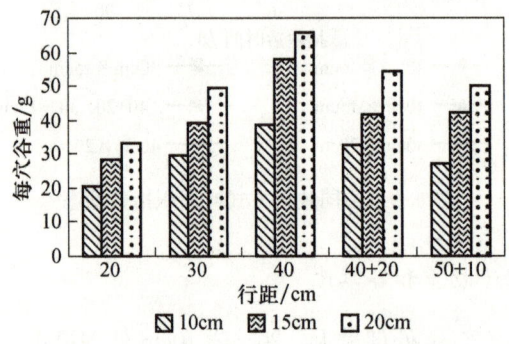

图 9-11　不同栽培方式每穴谷重的比较

9.2.4　不同栽培方式的经济效益分析

研究合理粳稻栽培方式的目的在于获得高额单位面积产量，而高产又必须建立在最佳经济效益基础之上。比较分析结果表明，高度密植处理 20cm×10cm 的纯收入为每公顷 6275.25 元，在所有处理中为最低。大垄双行稀植（40+20）cm×20cm 的纯收入为最高。一般而言，产量较高的处理，其纯收入也较高。穴距为 10cm 的处理产量和纯收入均较低，超稀植栽培 40cm×20cm 产量和纯收入也不高。产量和纯收入较高的处理每公顷穴数多分布在 16.5 万～25.5 万，每公顷有效穗数为 320 万～400 万。产量和纯收入居前 3 位的处理为大垄双行稀植 (40+20)cm×(15～20)cm 和宽行稀植 40cm×15cm，纯收入比高度密植 20cm×10cm 和密植 30cm×10cm 增产 50.0% 以上（表 9-3）。

表 9-3 不同栽培方式经济效益分析

行距 /cm	穴距 /cm	秧苗成本 /(元/hm²)	插秧成本 /(元/hm²)	其他成本 /(元/hm²)	总投入 /(元/hm²)	产值 /(元/hm²)	纯收入 /(元/hm²)
20	10	747.00	1 012.50	4 500.00	6 259.50	12 534.75	6 275.25
20	15	499.50	675.00	4 500.00	5 674.50	14 215.50	8 541.00
30	10	499.50	675.00	4 500.00	5 674.50	12 872.25	7 197.75
40+20	10	499.50	675.00	4 500.00	5 674.50	14 456.25	8 781.75
50+10	10	499.50	675.00	4 500.00	5 674.50	13 070.25	7 395.75
20	20	375.00	506.25	4 500.00	5 381.25	14 413.50	9 032.25
40	10	375.00	506.25	4 500.00	5 381.25	13 695.75	8 314.50
30	15	333.00	450.00	4 500.00	5 283.00	13 959.00	8 676.00
40+20	15	333.00	450.00	4 500.00	5 283.00	16 094.25	10 811.25
50+10	15	333.00	450.00	4 500.00	5 283.00	14 769.00	9 486.00
40	15	250.50	337.50	4 500.00	5 088.00	14 816.25	9 728.25
30	20	250.50	337.50	4 500.00	5 088.00	12 795.75	7 707.75
40+20	20	250.50	337.50	4 500.00	5 088.00	24 027.75	10 839.75
50+10	20	250.50	337.50	4 500.00	5 088.00	13 704.75	8 616.75
40	20	187.50	253.20	4 500.00	4 940.70	12 825.00	7 884.30

结果表明，行距为 20cm 时，随着穴距的增大，纯收入也增大。行距为 30cm 时，穴距为 10cm 的纯收入最小，而 15cm 的纯收入最大。行距为 40cm 时，穴距 15cm 的纯收入最大，而 20cm 的纯收入最小。宽窄行（40+20）cm，穴距 15cm 和 20cm 的纯收入几乎相同，二者纯收入比 10cm 穴距的处理高 20%（图 9-12）。

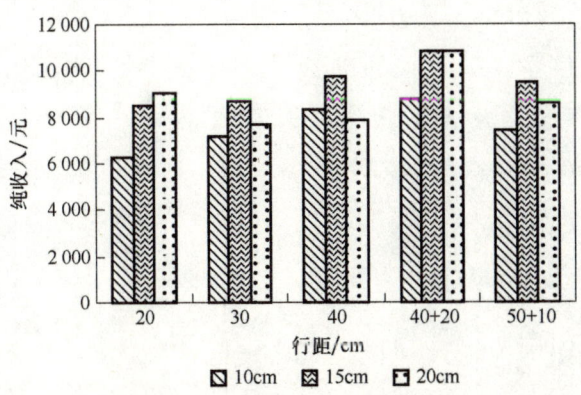

图 9-12 不同栽培方式经济效益分析

9.3 小　　结

第一，沈农 8801 宽窄行稀植栽培 (40+20)cm×15～20cm 产量和经济效益明显高于超稀植栽培 40cm×20m 和密植栽培 30cm×10cm。

第二，单位面积穗数与产量呈二次曲线，且存在最适穗数。宽窄行稀植栽培每公顷穗数与最适穗数接近。超稀植栽培每公顷有效穗数过低，而密植栽培每公顷有效穗数过多，不利于实现高产。每穗颖花数、每穗成粒数与千粒重呈极显著正相关，说明穗大并不影响籽粒增重。这是宽窄行稀植增产的原因之一。

第三，边际效应分析结果表明，行距为 20cm 时，不同穴距每穗颖花数、每穗成粒数和千粒重差异并不明显。随着行距的加大及穴距的增加，各因素也随着增加，产量也呈增加趋势，以 (40+20)cm×15cm 最高，说明行距和穴距的增加是有一定限度的。

第四，分蘖期各处理个体叶面积无明显差异。进入拔节期，宽窄行稀植和超稀植栽培单穴叶面积增长较快，成熟期仍有较大的绿叶面积。超稀植栽培后期叶面积指数过小，产量较低。密植栽培叶面积指数前期增长快，后期下降也快，群体恶化，造成单株叶面积过低，产量最低。宽窄行稀植栽培在具有较大干物质积累的基础上，又具有较大的谷草比，是高产的关键。

第五篇 有效微生物群对粳稻产量影响

第10章 有效微生物群（EM）对粳稻发芽和秧苗素质的影响

"秧好半年稻"，如何提高粳稻秧苗素质，是提高粳稻产量的关键。应用植物生长调节剂（plant growth regulator，PGR）调控作物生长发育来提高秧苗素质，是现代粳稻生产的一大特点。一般而言，植物生长调节剂包括促进型和抑制型两种。GA_3、IAA 和 BR-120 等属于促进型，具有促进细胞分裂和伸长，提高结实率和座果率等优点；PP_{333}、B_9 等属于抑制型，能有效抑制植株徒长，但能促进根的生长，培育壮秧，移入大田后增穗作用明显。

有效微生物群（EM，effective microorganisms）就是日本琉球大学的比嘉照夫教授采用独特的工艺研制成一种复合微生物制品。有效微生物群由10个属80余种有益微生物组成，其代表性微生物主要有乳酸菌、酵母菌、放线菌和光合细菌。此菌最大的特点是多功能、高效、低成本、无毒、无污染。EM制品最早只是作为土壤改良剂应用，现在已广泛应用于种植业，具有明显的加速土壤有机物的分解和转化，提高土壤速效养分含量、增加产量、改善品质和防病抗病的效果。目前，有效微生物群应用技术及产品已在60余个国家和地区的种植业、养殖业和环境保护等领域广泛推广应用。

10.1 材料与方法

10.1.1 EM粳稻浸种试验

采用上海Anew有限公司提供的EM，设100、500、1000和1500倍EM溶液，分别浸种24h、48h和72h，以清水浸种为对照。测定发芽势和发芽率以及秧苗素质。以粳稻新品种沈农8801为试材。

10.1.2 EM浸种防治病害试验

用100、500和1000倍EM溶液浸种24h、48h和72h，测定秧苗立枯病发病情况。抑菌效果应用PDA培养基，采用对峙法，研究EM对腐霉菌和稻曲病菌的拮抗作用。稻曲病菌和腐霉菌由沈阳农业大学植物病理教研室提供。

10.1.3 EM及植物生长调节剂发芽试验

EM设不同浓度，即：原液、100、250、500和1000倍液；植物生长调节剂包括 30ppm 多效唑（PP_{333}）、100ppm 赤霉素（GA_3）、5000 倍液 BR-120、300ppmB_9、0.1ppm6-BA 和 10ppm 萘乙酸（NAA），以清水为对照。第 5 天测发芽势，第 7 天测发芽率，测定根长和芽长，并在芽长 1cm 时用 3,5-二硝基水杨酸比色法测 α-淀粉酶活性，用碘量法测过氧化氢酶活性，用 NBT 光化还原法测定超氧化物歧化酶（SOD）活性。

10.1.4 EM 及植物生长调节剂秧苗喷施试验

以沈农 8801 为试材，在粳稻秧苗 2 叶 1 心期用 250 倍液和 500 倍 EM 溶液、5000 倍液 BR-120、100ppmGA_3、300ppmB_9、200ppmPP_{333} 喷雾，以清水为对照。插秧前测定秧苗素质。

10.2 结果与分析

10.2.1 EM 粳稻浸种对粳稻发芽势的影响

EM500 倍液浸种 72h 的种子发芽势最高，为 77.6%，比清水提高 12.0%。为了进一步研究 EM 对粳稻发芽效果的影响，特设不同浓度梯度及不同植物生长调节剂粳稻发芽试验。比较结果表明（表 10-1），100ppmGA_3 浸种 α-淀粉酶活性最高，为 35.6mg/（g·5min），清水浸种最低，仅为 11.2mg/（g·5min）。500 倍液 EM 浸种 α-淀粉酶活性比其他浓度 EM 浸种活性高，为 28.6mg/（g·5min）。EM 原液、100 倍液 EM 和 250 倍液 EM 浸种 α-淀粉酶活性差异不大，1000 倍液 EM 浸种 α-淀粉酶活性较低。除 GA_3 外，其他植物生长调节剂浸种 α-淀粉酶活性均低于 500 倍液 EM 浸种处理。NAA 处理 α-淀粉酶活性最低。

过氧化氢酶活性以 500 倍液 EM 浸种为最高，为 116.7mgH_2O_2/（g·5min），清水浸种最低，为 20.4mgH_2O_2/（g·5min）。GA_3、BR-120 和 6-BA 差异不显著。

SOD 活性 EM 原液浸种最高，清水浸种最低。500 倍液和 1000 倍液 EM 浸种 SOD 活性差异不显著，与 GA_3 相近。植物生长调节剂中，GA_3 浸种 SOD 活性最高，为 363.2U/（gFW），其次是 PP_{333} 和 NAA，B_9 最低。

根长和芽长测定结果表明，6-BA、NAA、EM 原液和 EM100 倍液有抑根作用，随着 EM 浓度增加，这种抑制作用越明显。PP_{333}、GA_3、BR-120、B_9、EM500 倍液和 EM1000 倍液有促根作用。B_9 和 EM500 倍液促根效果最好。GA_3 有明显的促芽作用，比对照芽长增加 106.3%。6-BA 也有促芽作用。EM500 倍液和 EM1000 倍液有促芽作用，但不太明显。

表 10-1　EM 及植物生长调节剂粳稻浸种发芽试验结果

处理	α-淀粉酶活性/ [mg/(g·5min)]	CAT 活性/ [mgH$_2$O$_2$/(g·5min)]	SOD 活性/ (U/gFW)	根长/cm	芽长/cm	发芽势/%	发芽率/%
PP$_{333}$	21.2	45.3	347.2	2.0	1.8	20.0	97.0
GA$_3$	35.6	54.9	363.2	2.1	9.9	75.0	98.0
BR-120	18.8	53.5	296.2	2.4	4.1	60.3	97.0
B$_9$	16.7	27.6	246.1	2.7	4.8	52.7	96.0
6-BA	18.8	50.8	288.8	1.0	5.0	71.0	94.0
NAA	10.7	52.5	333.8	0.49	3.2	36.0	96.0
EM1/1	25.3	96.8	495.0	0	1.9	54.7	80.0
EM1/100	25.3	60.8	351.5	1.1	4.0	86.0	95.0
EM1/250	24.8	77.5	311.9	1.9	4.1	79.7	96.0
EM1/500	28.6	116.7	365.5	2.6	4.2	93.3	97.5
EM1/1000	16.29	62.8	366.8	2.4	4.6	66.7	95.5
对照	11.2	20.4	229.2	2.0	4.8	69.7	95.0

500 倍液 EM 浸种发芽势最高，为 93.3%，其次为 EM100 倍液和 EM250 倍液，分别为 86.0% 和 79.7%。植物生长调节剂中，以 GA$_3$ 浸种发芽势最高，为 75.0%，6-BA 次之。PP$_{333}$ 最低，仅为 20.0%。由此可见，EM500 倍液浸种 α-淀粉酶活性、过氧化氢酶活性和 SOD 活性均较高，既有利于促芽，也有利于促根，提高发芽势和发芽率，在粳稻生产上是最适宜的浸种浓度。

10.2.2　EM 浸种对粳稻秧苗素质的影响

EM500 倍液浸种秧苗素质最好，根数比对照增加 52.9%，分蘖数也显著增多，百株干重比对照增加 65.4%，充实度增加 81.4%（表 10-2）。

表 10-2　EM 粳稻浸种秧苗素质调查（品种：沈农 8801）

EM 稀释倍数	根数	分蘖	茎基宽/cm	株高/cm	叶龄	百株干重/g	根/冠比	充实度/(mg/cm)
1/100	15.1	1.1	0.34	11.1	4.5	6.6	0.3	5.94
1/500	18.5	2.0	0.36	12.1	4.5	8.6	0.4	7.13
1/1000	13.1	0.5	0.35	12.9	4.3	6.1	0.3	4.74
1/1500	13.5	0.5	0.34	12.9	4.3	5.7	0.3	4.09
对照	12.1	0.5	0.32	13.2	4.3	5.2	0.3	3.93

10.2.3　抗病效果和 EM-5 号抗病菌群的分离

粳稻一生中要发生某些病害，其中粳稻秧苗期的立枯病和生长后期的稻曲病近年来普遍发生。EM-5 号是具有防病抗病的一类有效微生物群。我们在校外基点用 EM-5 号防治大棚黄瓜霜霉病的效果达 89.0%。王伟（1996）在西瓜生长的全生育期喷施 EM-5 号 4 次，对西瓜炭疽病的防治效果达 76.3%。本研究粳稻浸种调查结果表明，用 EM500 倍液浸种 72h 的秧苗病株率为 1.8%，EM500 倍液浸种 48h 秧苗病株率为 2.4%。而清水浸种（对照）秧苗病株率高 40.0%（表 10-3）。原因之一是 EM500 倍液浸种能防止秧苗徒长，并且能促进根的伸长，提高了秧苗素质。清水浸种株高比 EM500 倍液浸种 72h 的秧苗增加 9.6%，但根数和根重却显著降低。

为了研究 EM 防病抗病机理，我们对 EM-5 号的微生物群进行了分离，并用对峙法对其抗粳稻病菌能力进行了鉴定，其中一株芽孢杆菌所产生的代谢物对稻曲病菌和腐霉菌都有明显的拮抗作用，对稻曲病的抑菌带为 4.3mm 宽，对腐霉菌的抑菌带为 5.0mm 宽。这也是病理上 EM 防治粳稻立枯病的原因。

表 10-3 EM500 倍液不同时期粳稻浸种秧苗立枯病防治

处理	调查株数	发病株数	病株率/%
72h	500	8	1.8
48h	500	12	2.4
24h	500	30	6.0
对照	500	200	40.0

10.2.4 粳稻秧苗喷施 EM 及植物生长调节剂秧苗素质比较

调查结果表明（表 10-4），100ppmGA_3 处理的苗高为 34.7cm，明显高于对照（清水处理）。30ppmPP_{333} 处理的苗高为 15.5cm，明显低于对照。250 倍液 EM 处理的苗高与清水处理的相比，差异不显著。经 PP_{333} 处理的秧苗分蘖数为 0.6 个，250 倍液处理的为 0.8 个。其他处理均无分蘖。最大叶面积以 250 倍液 EM 处理为最大。B_9 处理为最低；茎基宽 PP_{333} 和 EM250 倍液处理最宽，为 0.53cm，比对照增加 35.9%；百株干重因 GA_3 处理秧苗增长较快，所以为最高，为 11.50g，250 倍液 EM 处理也较高，为 9.19g，比对照增加 53.4%；充实度清水处理最低，GA_3 处理也较低，苗较弱；250 倍液 EM 处理为最高，为 5.48mg/cm，比对照增加 90.9%；PP_{333} 处理也较高，为 5.19mg/cm；叶绿素含量 GA_3 处理的最低，仅为 1.84mg/g，叶片黄瘦，秧苗纤弱。250 倍液 EM 处理叶绿素含量为最高，为 3.22mg/g，PP_{333} 和 B_9 处理的秧苗叶片叶绿素含量也较高，叶片浓绿，有利于光合作用。

表 10-4　粳稻秧苗 EM 及植物生长调节剂喷施试验秧苗素质

处理	BR-120	GA$_3$	B$_9$	PP$_{333}$	EM1/250	EM1/500	对照
株高	20	34.7	19.4	15.5	20.6	22.2	20.9
分蘖数	0	0	0	0.6	0.8	0	0
最大叶面积	4.39	5.41	4.1	3.28	5.02	4.81	4.22
茎基宽	0.49	0.36	0.45	0.53	0.52	0.48	0.39
百株干重	9.89	11.5	7.03	8.05	9.19	8.77	5.99
充实度	4.95	3.31	3.62	5.19	5.48	3.99	2.87
叶绿素含量	2.44	1.84	2.77	3	3.22	2.53	2.27
叶龄	4.4	4.3	4.1	5.9	5.2	4.6	4.1

10.3　结　论

第一，500 倍液 EM 浸种，秧苗的 α-淀粉酶、过氧化氢酶和 SOD 活性均较高，可与生产上推广的某些植物生长调节剂相媲美。既促根的生长，又促芽鞘的伸长，有利于提高发芽势和发芽率。这一效果是某些植物生长调节剂所无法比拟的。

第二，500 倍液 EM 浸种和 250 倍液 EM 溶液喷秧苗，有利于提高秧苗素质，具体表现为，最大叶面积较大，茎基较宽，充实度较高，叶绿素含量较高，即秧苗茁壮，为丰产打下基础。

第三，500 倍液 EM 浸种 72h，可以对立枯病菌产生拮抗作用，能有效防治粳稻秧苗立枯病。

第 11 章 有效微生物群（EM）对粳稻产量的影响

有效微生物群（EM）制品最早只是作为土壤改良剂应用，现在已广泛应用于种植业，具有明显的加速土壤有机物的分解和转化，提高土壤速效养分含量、增加产量、改善品质和防病抗病的效果（严力蛟，1995；吴留松和李振高，1995；王伟，1996；王术，1999）。崔钦等（1997）在玉米上用 500 倍和 1000 倍 EM 稀释液浸种 8~12h，可增产 11.7%~17.7%。春玉米开花期喷洒 800 倍液 EM 稀释液，不同施肥水平下，最高增产幅度达 20.1%，其原因在于增加了叶片叶绿素含量，提高了比叶重。小麦浸种后于不同生育时期再喷施 EM，可提高千粒重（吴留松和李振高，1995）。在大豆种植中施用 EM1 发酵的猪粪，结果大豆产量增加了 11.4%，而且土壤肥力和理化性状均有了很大改善（王振忠等，1996）。在小麦抽穗末期和灌浆初期喷洒 500 倍液 EM，结果提高了叶片保水率，减少了干旱下的叶绿素分解，显著提高了灌浆期旗叶光合作用速率和小麦籽粒产量，表现了明显的抗旱性（苏正淑等，1997）。目前，有效微生物群技术及产品已在 60 余个国家和地区的种植业、养殖业和环境保护等领域广泛推广应用。

本文研究了几种常用的植物生长调节剂和不同浓度的 EM 溶液对粳稻产量的影响，探讨最佳的 EM 使用浓度，为粳稻生产提供参考。

11.1 材料和方法

11.1.1 试验材料

沈农 8801、沈农 8718、盐粳 48、辽粳 454。

11.1.2 试验方法

11.1.2.1 EM 粳稻浸种试验

采用上海 Anew 有限公司提供的 EM，以 500 倍 EM 溶液对粳稻沈农 8718 浸种 24h、48h 和 72h 等处理，以清水浸种为对照。

11.1.2.2 EM 秧苗喷施试验

于秧苗 2 叶 1 心期及 3 叶 1 心期各喷 2 次，浓度为 250 倍液和 500 倍液，以清水为对照。试材为盐粳 48 和辽粳 454。测定产量及产量构成因素。

11.1.2.3 EM 及植物生长调节剂秧苗喷施试验

以沈农 8801 为试材，在粳稻秧苗 2 叶 1 心期用 250 倍液和 500 倍 EM 溶液、5000 倍液 BR-120、100ppm GA_3、300ppm B_9、200ppm PP_{333} 喷雾，以清水为对照。插秧前测定秧苗素质，生长期间调查分蘖动态，收获期取代表样两穴，调查产量性状。

11.2 结果与分析

11.2.1 EM 浸种粳稻对产量和经济效益的影响

EM500 倍液浸种 72h，平均每公顷比对照增产 16.0%，每公顷增收 1721.40 元。增产的原因是在不降低每公顷穗数的前提下，每穗成粒数比对照增加 13.3%，千粒重增加 5.4%（表 11-1）。

表 11-1　EM500 浸种对粳稻产量和效益的影响（品种：沈农 8718）

处理时数	穗数/10^4	颖花数	成粒数	千粒重/g	产量/t	增收/（元/hm^2）
对照	358.5	116.2	104.8	24.2	6.8	0.00
24h	376.5	131.3	113.9	23.4	7.1	387.90
48h	336.0	126.3	115.3	25.9	7.5	1157.10
72h	349.5	131.6	118.7	25.5	7.9	1721.40

11.2.2 粳稻苗期 EM 喷雾增产效果

喷 EM 的处理比对照显著增产。250 倍液喷雾效果优于 500 倍液。盐粳 48 增产的主要原因是增加了每公顷有效穗数。而辽粳 454 增产的主要原因是在每公顷穗数不低的情况下，增加了每穗成粒数和千粒重（表 11-2 和表 11-3）。

表 11-2　EM250 倍液粳稻苗期喷雾产量调查结果（品种：盐粳 48）

处理	穗数/10^4	颖花数	成粒数	千粒重/g	产量/t	增产率/%
EM 喷雾	393.0	99.5	93.4	27.6	9.0	11.3
对照	358.5	98.0	90.4	27.6	8.0	0.0

表 11-3　粳稻秧苗 EM 喷雾产量调查结果（品种：辽粳 454）

稀释倍数	穗数/10^4	颖花数	成粒数	千粒重/g	产量/t	增产率/%
250	394.5	127.5	110.1	24.5	9.5	17.6
500	424.5	119.8	104.7	24.2	8.9	9.9
对照	364.5	115.8	96.4	24.0	8.1	0.0

11.2.3　粳稻秧苗喷施 EM 及植物生长调节剂秧苗素质和增产效果比较

调查结果表明（表 11-4），100ppm GA_3 处理的苗高为 34.7cm，明显高于对照（清水处理）。30ppm PP_{333} 处理的苗高为 15.5cm，明显低于对照。250 倍液 EM 处理的苗高与清水处理的相比，差异不显著。经 PP_{333} 处理的秧苗分蘖数为 0.6 个，250 倍液处理的为 0.8 个。其他处理均无分蘖。最大叶面积以 250 倍液 EM 处理为最大。B_9 处理为最低；茎基宽 PP_{333} 和 EM250 倍液处理最宽，为 0.53cm，比对照增加 35.9%；百株干重因 GA_3 处理秧苗增长较快，所以为最高，为 11.50g，250 倍液 EM 处理也较高，为 9.19g，比对照增加 53.4%；充实度清水处理最低，GA_3 处理也较低，苗较弱；250 倍液 EM 处理为最高，为 5.48mg/cm，比对照增加 90.9%；PP_{333} 处理也较高，为 5.19mg/cm；叶绿素含量 GA_3 处理的最低，仅为 1.84mg/g，叶片黄瘦，秧苗纤弱。250 倍液 EM 处理叶绿素含量为最高，为 3.22mg/g，PP_{333} 和 B_9 处理的秧苗叶片叶绿素含量也较高，叶片黑绿，有利于光合作用。

表 11-4　粳稻秧苗 EM 及植物生长调节剂喷施试验秧苗素质

处理	株高/cm	分蘖	最大叶面积/cm^2	茎基宽/cm	百株干重/g	充实度/(g/cm)	叶绿素含量/(mg/g)	叶龄
BR-120	20.0	0	4.39	0.49	9.89	4.95	2.44	4.4
GA_3	34.7	0	5.41	0.36	11.50	3.31	1.84	4.3
B_9	19.4	0	4.10	0.45	7.03	3.62	2.77	4.1
PP_{333}	15.5	0.6	3.28	0.53	8.05	5.19	3.00	5.9
EM1/250	20.6	0.8	5.02	0.52	9.19	5.48	3.22	5.2
EM1/500	22.2	0	4.81	0.52	8.77	3.99	2.53	4.6
对照	20.9	0	4.22	0.39	5.99	2.87	2.27	4.1

产量结果表明（表 11-5），各处理产量差异达极显著水平。GA_3 处理产量最低，仅为 8.2t/hm^2，比清水处理低 13.0%。250 倍液 EM 处理产量最高，为 13.1t/hm^2，比对照增产 38.8%。B_9 和 BR-120 处理产量也较高，分别为 13.0t/hm^2 和 12.6t/hm^2。各处理间千粒重差异不显著，为 27.0～29.0g。GA_3 减产的主要原因是因为苗较弱，每公顷有效穗数较低，仅为 327.0 万，而且每穗成粒数也较少，每穗 80.5 粒。250 倍液处理每公顷穗数最多，为 402.0 万，每

穗成粒数也较多，为120.5粒，产量也最高。B_9和BR-120也属于类似情况。PP_{333}处理每公顷有效穗数较多，但每穗成粒数较少，所以产量并不很高。收获指数GA_3处理最低，为0.42，B_9处理最高，为0.52，250倍液和500倍液EM处理收获指数也较高，均为0.51。

表11-5　粳稻苗期喷施EM及植物生长调节剂产量构成因素

处理	产量/t	穗数/10^4	颖花数	成粒数	千粒重/g	经济系数
GA_3	8.2	327.0	93.5	80.5	28.0	0.42
BR-120	12.6	394.5	131.8	115.9	27.5	0.49
PP_{333}	10.8	390.0	116.9	100.8	28.0	0.47
B_9	13.0	385.5	134.6	120.8	28.0	0.52
EM1/250	13.1	402.0	141.3	120.5	27.0	0.51
EM1/500	11.6	357.0	124.4	109.3	29.0	0.51
对照	9.4	330.0	108.4	92.9	28.5	0.48

11.3　结论与讨论

近几年粳稻应用EM结果表明，EM对粳稻生产具有高效、无毒、无污染的特点。500倍液EM浸种和250倍液EM喷秧苗，有助于粳稻增产增收。增产途径是壮秧增穗效果显著，每公顷有效穗数增加，每穗成粒数较多，千粒重不下降，收获指数提高。

有效微生物群（EM）于20世纪80年代处推广应用以来，对作物生产起到了明显的促进作用。但EM是多菌种混合发酵的产物，代谢成分极为复杂，给EM作用机理研究带来很大困难，有关报道甚少。我们通过两年多的系统研究，初步认为EM对作物增产抗病机理主要表现以下两个方面：①有效微生物群本身的作用。EM产品中含有光合细菌、乳酸菌、放线菌等多种有益微生物。它们被喷洒在作物表面，能够很快形成优势菌群，提高作物自身的生命活力，并可有效防止病原菌的侵染。EM施入土壤中，能提高土壤中有效微生物的含量，加速土壤有机质的分解，增加速效养分的供应能力。这些微生物对土壤中的病原菌会产生拮抗作用，来抑制有害微生物的生长繁殖，保证作物能在较理想的生态环境中生长。②有效微生物群代谢产物的作用。EM中含有丰富的氨基酸、单糖等生物大分子的降解产物，以及微生物代谢活动所产生的维生素、抗生素、生长调节物质等次生代谢产物，它们有些能被作物直接利用，补充作物所需的养分。有些对作物酶系统发挥作用，促进作物生长，提高抗逆性。有些则直接作用于病原菌，起到防病作用。这些结果都已在EM的实际应用中得到证实，但还缺乏有关EM代谢物质对作物起调节作用方面的详细资料，因此还需进行更深入的研究。

参 考 文 献

白恩波,白锡斌,任秀菊,等. 1993. 水稻大垅双行稀植高产栽培试验研究. 盐碱地利用, 4:28-32.
柏新付,蔡永萍,聂凡. 1989. 脱落酸与稻麦籽粒灌浆的关系. 植物生理学通讯, 3:40-41.
北京农业技术推广站. 1996. 粳稻轻型栽培新技术. 北京:地质出版社.
曹静明. 吉林稻作. 1993. 北京:中国农业科技出版社.
曹萍,马莲菊,吕文彦,等. 2005. 辽宁省中熟组稻米品质分析. 辽宁农业科学, 1:14-16.
曹显祖,朱庆森. 1987. 粳稻品种的源库特征及其类型划分的研究. 作物学报, 13 (4): 265-272.
陈锦清. 1983. 粳稻穗部各部位维管束影响谷粒发育成熟的研究. 浙江农业大学学报, 9 (2):145-148.
陈温福,张龙步,徐正进. 1987. 粳稻穗重与叶片茎秆性状的关系. 沈阳农业大学学报, 18 (2):1-6.
陈温福. 1987. 粳稻理想株型的研究. 沈阳农业大学博士学位论文.
陈温福,徐正进,张龙步. 2003. 粳稻超高产育种生理基础. 沈阳:辽宁科学技术出版社.
陈延熙,陈璧,潘贞德,等. 1985. 增产菌的研究与应用,生物防治通报, (2):22-24.
长户一雄. 1941. 穗上位置に依る米粒成熟の差异就いて. 日本作物学会纪事, 13 (2): 156-169.
长户一雄,江幡守衛. 1959. 心白米に関するの研究第2报. 日本作物学会纪事, 28 (1): 46-50.
程方民,蒋德安,吴平,等. 2001. 早籼稻籽粒灌浆过程中淀粉合成酶的变化及温度效应特征. 作物学报, 27 (2):201-206.
崔钦,周桂林,杨春林,等. 1997. EM生物制剂浸种玉米种子的增产效果. 沈阳农业大学学报, 1:84-85.
崔鑫福,马莲菊,吕文彦,等. 2005. 北方粳稻籽粒灌浆特性及其蔗糖代谢酶的活性研究. 吉林农业大学学报, 27 (2):15-21.
董明辉,桑大志,杨建昌,等. 2006. 不同施氮水平下粳稻穗上不同部位籽粒的蒸煮与营养品质变化. 中国粳稻科学, 20 (4):389-395.
高亮之,郭鹏,张立中,等. 1984. 中国粳稻的光温资源与生产力. 中国农业科学, (1): 17-23.
高振宇,黄大年,钱前. 2004. 植物支链淀粉生物合成研究进展. 植物生理与分子生物学学报, 30 (5):489-495.
顾慰连论文选集. 1992. 生态条件对玉米"库"的建成和产量的影响. 辽宁科学技术出版社.
郭玉华. 1999. 粳稻超高产若干问题的研究. 沈阳农业大学博士论文.

何照范. 1985. 粮油籽粒品质及其分析技术. 北京: 农业出版社.
何水元, 陈顺佳. 1992. 试用灰色关联度分析粳稻品种主要性状对产量的影响. 广东农业科学, (1): 4-6.
黑田荣喜, 玖村敦彦. 1990. 水稲個葉の光合成速度にずはる新旧品种间差异: 第1报個葉光合成速度と气孔伝導度. 日本作物学会纪事. 59 (2): 283-292.
户苅义次. 1979. 作物的光合作用与物质生产. 薛德榕译. 北京: 科学出版社.
黄耀祥. 1983. 粳稻丛化育种. 广东农业科学, 1: 1-5.
姜楠, 邱玉婷, 徐克章, 等. 2011. 吉林省不同年代育成粳稻品种上三叶光合特性的变化. 作物学报, 37 (4): 703-710.
蒋开锋, 郑家奎, 赵甘霖, 等. 2001. 杂交粳稻产量性状稳定性及其相关性研究. 中国粳稻科学, 15 (1): 67-69.
蒋彭炎, 姚长溪, 任正龙. 1980. 春粮田旱稻稀分布促高产栽培法的研究. 浙江农业科学, 2: 51-56.
蒋彭炎, 冯来定, 沈守江, 等. 1987. 粳稻不同群体条件与籽粒灌浆的关系研究. 浙江农业科学, 1: 1-5.
蒋彭炎, 冯来定, 史济林, 等. 1992. 粳稻三高一稳栽培法的理论与技术. 山东农业大学学报, 23 (增刊): 18-24.
蒋雅光, 潘重光. 1998. 作物品质改良. 北京: 农业出版社.
焦爱霞, 杨昌仁, 曹桂兰, 等. 2008. 粳稻蛋白质含量的遗传研究进展. 中国农业科学, 41 (1): 1-8.
金丽晨, 耿志明, 李金州, 等. 2011. 稻米淀粉组成及分子结构与食味品质的关系. 江苏农业学报, 27 (1): 13-18.
金雪花, 王嘉宇, 徐正进, 等. 2003. 粳稻直立穗型基因多效性的研究. 沈阳农业大学学报, 34 (5): 332-335.
寇洪萍. 2003. 肥水处理对稻米品质影响的研究. 沈阳农业大学博士学位论文.
李国锋, 宋平, 曹显祖. 2000. 籼粳杂交稻籽粒库活性与其充实关系的研究. 西北植物学报, 20 (2): 179-186.
李纪柏, 张重善. 1997. 新型植物生长调节剂云大-120对作物增产效果的研究. 垦殖与稻作, (3): 40-42.
李木英, 石庆华, 潘晓华, 等. 1999. 影响两系杂交稻结实期茎鞘贮藏碳水化合物转运的生理因素研究. 江西农业大学学报, 21: 329-332.
李太贵, 沈波, 陈能, 等. 1997. Q酶在粳稻籽粒垩白形成中作用的研究. 作物学报, 23 (3): 338-344.
李欣, 顾铭洪, 潘学彪. 1987. 常见粳稻品种稻米品质的研究. 江苏农学院学报, 8 (1): 1-8.
林贤青. 2005. 超级稻在不同水分管理条件下的营养、生理和生态特性研究. 浙江大学博士论文.
梁敬昆, 王学海, 卢乃第. 1996. 杂交稻米及其亲本淀粉粒形态的扫描电镜观察. 中国粳稻科学, 10 (2): 79-84.

梁建生,曹显祖,徐生,等. 1994. 粳稻籽粒库强与其淀粉积累之间关系的研究. 作物学报, 20 (6): 685-691.

凌启鸿. 1991. 粳稻品种的粒叶比及其影响因素的研究,稻麦研究新进展. 南京:东南大学出版社.

凌启鸿,杨建昌. 1986. 粳稻群体粒叶比与高产栽培途径的研究. 中国农业科学, 3: 1-8.

凌启鸿,张洪程,蔡建中,等. 1985. 粳稻不同叶龄施用穗肥的研究. 江苏农学院学报, 6 (3): 11-19.

刘敬良,杨润卓. 1980. 粳稻高产品种株型的设想与直化育种的研究. 广东农业科学, 5: 14-16.

刘文江,李浩杰,王旭东,等. 2002. 用 AMMI 模型分析杂交稻基本性状的稳定性. 作物学报, 28 (4): 569-573.

刘宜柏,吴慧光,饶治祥,等. 1990. 粳稻品种稻米品质的研究. 江西农业大学学报(粳稻品质育种研究专辑), 36-44.

陆定志. 1984. 杂交稻及其优势利用的生理基础. 植物生理生化进展, 3: 1-21.

吕洪飞,余象煜. 1998. 稻米腹白的形态解剖学研究. 见:中国植物学会主编. 中国植物学会六十五周年年会学术报告及论文摘要汇编. 北京:中国林业出版社.

吕文彦,邵国军,曹萍,等. 2001. 辽宁省粳稻品质兼及品质与产量关系的研究. Ⅲ. 不同穗型强势粒与弱势粒稻米品质差异. 辽宁农业科学, 1: 1-3.

吕文彦. 2000. 粳稻品质兼及品质与产量关系的若干研究. 沈阳农业大学博士学位论文.

吕文彦,曹萍,邵国军. 1997. 辽宁省主要粳稻品种品质性状研究. 辽宁农业科学, 5: 7-15.

马国辉. 1996. 粳稻的两段灌浆. 中国粳稻科学, 10 (3): 147-149.

马莲菊,吕文彦,邵国军,等. 2006. 中晚熟粳稻米质性状综合分析. 沈阳农业大学学报, 37 (4): 556-559.

马秀玲,张文绪. 1993. 稻属植物体表亚显微结构的研究Ⅰ. 气孔特征的观察研究. 北京农业大学学报, 19 (3): 47-52.

莫惠栋. 1993. 我国稻米品质改良. 中国农业科学, 26 (4): 8-14.

聂呈荣,温玉辉,王蕴波,等. 2001. 优质稻株的农艺性状与稻米品质关系的研究. 佛山科学技术学院学报(自然科学版), (4): 69-74.

潘晓华,李木英,曹黎明,等. 1999. 粳稻发育胚乳中淀粉的积累及淀粉合成的酶活性变化. 江西农业大学学报, 21 (4): 456-462.

彭佶松,郑志仁,刘涤,等. 1997. 淀粉的生物合成及其关键酶. 植物生理学通讯, 33 (4): 297-303.

钱前,刘秀艳,曾大力. 1998. 日本关于稻米食味品质影响因素的研究介绍. 中国稻米, (2): 34-37.

钱月琴,贺东祥,沈允刚. 1992. 杂交粳稻籽粒充实率问题初探. 植物生理学通讯, 28 (2): 121-127.

任大明. 1998. 栽培措施对玉米产量和品质的影响及玉米综合利用研究. 沈阳农业大学博士

论文.

邵国军. 1994. 十年来辽宁省粳稻新品种产量结构变化分析. 第四届全国粳稻高产理论与实践研讨会论文汇编. 北京: 中国农业出版社.

邵高能, 唐绍清, 焦桂爱, 等. 2009. 稻米蒸煮品质性状的QTL定位. 中国粳稻科学, 23 (1): 94-98.

沈波. 2000. 早籼稻垩白形成中胚乳淀粉发育的电镜观察. 中国粳稻科学, 14 (4): 225-228.

苏正淑, 张宪政, 戴俊英. 1997. EM对小麦抗旱增产效果研究初报. 辽宁农业科学, (4): 45-47.

孙旭初. 1987. 粳稻茎秆抗倒伏性的研究. 中国农业科学, 20 (4): 32-37.

谈松. 1992. 高产粳稻穗型研究. 山东农业大学学报, 23 (增刊): 20-23.

陶龙兴, 王熹, 廖西元, 等. 2006. 灌浆期气温与源库强度对稻米品质的影响及其生理分析. 应用生态学报, 17 (4): 647-652.

王伯伦. 1993. 粳稻优化栽培. 北京: 农业出版社.

王伯伦. 1992. 试论粳稻超高产的途径和方法//粳稻研究论文集. 北京: 中国科学技术出版社.

王成瑷, 张文香, 赵秀哲. 1994. 粳稻超稀植高产施肥技术. 农业科技通讯, 2: 5.

王德仁, 卢婉芳, 陈苇. 2001. 施氮对稻米蛋白质、氨基酸含量的影响. 植物营养与肥料学报, 7 (3): 353-356.

王建林, 熊振民, 朱旭东, 等. 1992. 籼粳亚种间杂种一代米质性状的优势表现及性状间的相关分析. 粳稻育种通讯, 12: 20-26.

王丰, 程方民. 2004. 从籽粒灌浆过程上讨论粳稻粒间品质差异形成的生理机制. 种子, 23 (1): 31-35.

王术, 戴俊英, 王伯伦, 等. 1999. 有效微生物群在粳稻生产上的应用. 垦殖与稻作, (2): 22-23.

王天铎. 1962. 粳稻籽粒灌浆过程中粒重分布的动态研究. 植物学报, 10 (2): 113-119.

王伟. 1996. 生态农业的希望——EM. 北京: 化学工业出版社.

王文成. 1989. 冀东粳稻优化栽培技术规范研究. 江西农业大学学报 (第二届粳稻高产栽培理论与实践讨论会).

王永锐. 1995. 粳稻生理育种. 北京: 科学技术文献出版社.

王允兰, 刘江, 戴俊英, 等. 1995. EM在蔬菜上应用效果简报. 辽宁农业科学, (6): 36-38.

王余龙, 姚友礼, 徐家宽, 等. 1995. 稻穗不同部位籽粒的结实能力. 作物学报, 21 (1): 29-38.

王振忠, 张妙玲, 董百舒, 等. 1996. EM在大豆生产上的效应试验初报. 江苏农业科学, (1): 41-42.

王志琴, 杨建昌, 朱庆森. 1996. 亚种间杂交稻物质积累与运转特性的研究. 江苏农学院学报, 17 (4): 1-5.

吴光南. 1981. 粳稻栽培理论与技术. 北京：农业出版社.

吴留松, 李振高. 1995. 有效微生物群（EM）对几种作物的增产效应. 土壤, 27（4）: 219-221.

武翠, 邵国军, 吕文彦, 等. 2007. 不同发育时期粳稻强、弱势粒灌浆速率的遗传分析. 中国农业科学, 40（6）: 1135-1141.

夏书奥, 卫菊香, 周有库, 等. 1989. 吉林省粳稻主要品种叶龄模式研究. 盐碱地利用（北方农垦稻作学术及经验交流会论文专辑）.

萧浪涛, 李东晖, 蔺万煌, 等. 2001. 一种测定稻米垩白性状的客观方法. 中国粳稻科学, 15（3）: 206-208.

谢庚华, 唐锡华. 1985. 稻作科学. 北京：农业出版社.

熊振民, 朱旭东, 罗玉坤, 等. 1993. 稻米品质研究的新进展. 粳稻文摘, 12（3）: 1-6, 64.

徐正进, 陈温福, 周洪飞, 等. 1996. 直立穗型粳稻群体生理生态特性及其利用前景. 科学通报, 41（12）: 1122-1126.

徐正进, 陈温福, 张龙步, 等. 1990. 粳稻不同穗型群体冠层光分布的比较研究, 中国农业科学, 23（4）: 10-16.

徐正进. 1993. 粳稻超高产的生理研究. 沈阳农业大学博士学位论文.

许越先. 1999. 发展优质农产品的问题与对策. 北京：中国农业出版社.

颜思齐. 1992. 粳稻丰收菌. 北京：科学技术文献出版社.

严力蛟. 1995. EM及其在农业上的应用. 世界农业, 7: 17-18.

严小龙, 张福锁. 1994. 植物营养遗传学. 中国农业出版社.

杨建昌, 彭少兵, 顾世梁, 等. 2001. 粳稻灌浆期籽粒中3个与淀粉合成有关的酶活性变化. 作物学报, 27（2）: 157-164.

杨立炯, 汤玉庚, 王嘉训, 等. 1964. 陈永康晚稻"三黑三黄"高产栽培技术的初步分析. 作物学报, 3（2）: 113-136.

杨联松, 白一松, 张培江, 等. 2001. 谷粒形状与稻米品质相关性研究. 杂交粳稻, 16（4）: 48-50, 54.

杨仁崔. 1996. 国际粳稻研究所的超级育种. 世界农业, 2: 25-27.

杨守仁, 张龙步, 王进民. 1984, 粳稻理想株型育种的理论与方法初论. 中国农业科学, 3: 6-13.

杨守仁. 1980. 粳稻专题讨论文集, 北京：农业出版社.

杨庚. 1994. 粳稻抛秧栽培技术. 北京：中国农业出版社.

杨肖娥, 孙羲. 1998. 连晚杂交粳稻根系生理特性的研究. 杂交粳稻国际学术讨论会论文集, 学术期刊出版社, 159-164.

杨振玉, 陈秋栢, 陈荣芳, 等. 1982. 粳型杂交粳稻'黎优57'的选育. 中国农业科学, 1: 38-42.

姚新灵, 丁向真, 陈彦云, 等. 2005. 淀粉分支酶和去分支酶编码基因的功能. 植物生理学通讯, 41（2）: 253-259.

殷宏章, 王天铎, 李有则, 等. 1959. 粳稻田的群体结构与光能利用, 实验生物学报,

6 (3): 243-261.

岳寿松. 1997. 有效微生物群在作物生产中的应用机理研究. 沈阳农业大学博士后研究工作报告.

章建新. 1990. 粳稻不同穗型品种的光分布与物质生产的研究. 沈阳农业大学硕士学位论文.

张林青, 苏祖芳, 张亚洁, 等. 2004. 粳稻拔节期群体茎蘖结构与叶面积指数及产量关系的研究. 扬州大学学报（农业与生命科学版）, 25 (1): 55-58.

张龙步, 董克. 1993. 粳稻田间试验方法和测定技术, 沈阳: 辽宁科技出版社.

张明方, 李志凌. 2002. 高等植物中与蔗糖代谢相关的酶. 植物生理学通讯, 38 (3): 289-295.

张宪政. 1992. 作物生理研究法. 北京: 农业出版社.

张宪政. 1994. 植物生理学实验技术. 沈阳: 辽宁科学技术出版社.

张小明, 石春海, 富田桂. 2002. 粳稻米淀粉特性与食味间的相关性分析. 中国粳稻科学, 16 (3): 157-161.

张旭. 1991. 粳稻生态育种. 北京: 农业出版社.

张喜成. 2011. 粳稻高产群体结构研究. 北方粳稻, 41 (4): 7-11.

张云康, 林榕辉, 闵捷, 等. 1992. 浙江粳稻品种资源的研究. 作物品种资源, 4: 23-25.

张泽, 鲁成, 向仲怀. 1998. 基于 AMMI 模型的品种稳定性分析. 作物学报, 24 (30): 304-309.

赵步洪, 张文杰, 杨建昌, 等. 2004. 粳稻灌浆期籽粒中淀粉合成关键酶的活性变化及其与灌浆速率和蒸煮品质的关系. 中国农业科学, 37 (8): 1123-1129.

赵光英, 屠乃美. 2012. 水旱种及化学调控对稻米品质的影响. 湖南农业科学, 4: 38-41.

赵玉莲, 马静, 曾兆荣, 等. 1988. 稻穗枝梗结实特性的研究. 华北农学报, 3 (3): 121-125.

中国国家标准. 1999. 稻谷, GB1350-1999. 北京: 中国标准出版社.

中国国家标准. 1999. 优质稻谷, GB/T17891-1999. 北京: 中国标准出版社.

周广春, 王乐丰, 郭桂珍, 等. 2002. 东北三省粳稻优质米品种现状与对策. 吉林农业科学, 27 (1): 17-25.

周毓珩. 1981. 粳稻品种对肥力的适应性与株型的关系研究简报. 辽宁农业科学, (2): 23-24.

朱碧岩, 贾志宽. 1990. 粳稻品质性状遗传参数的分析. 西北农业大学学报, 18 (3): 69-73.

朱海江, 程方民, 王丰, 等. 2004. 两种穗型粳稻穗内粒间直链淀粉含量变异与粒位分布特征. 中国粳稻科学, 18 (4): 321-325.

朱庆森, 曹显祖, 骆亦其. 1988. 粳稻籽粒灌浆的生长分析. 作物学报, 14 (3): 182-193.

朱兆良, 文启孝. 1992. 中国土壤氮素. 南京: 江苏科技出版社.

朱智伟, 程式华. 1999. 稻米品质的研究进展. 世界农业, 3: 19-21.

Anderson JM, Hnilo J, Larson R, et al. 1989. The encode primary sequence of a rice seed ADP-glucose pyrophosphorylase. J Biol Chem, 264: 212-238.

Bu N, Li XM, Li YY, et al. 2012. Effects of Na_2CO_3 stress on photosynthesis and antioxidative enzymes in endophyte infected and non-infected rice. Ecotoxicol Environ Saf, 78: 35-40.

Chauhan JS, Chauhan VS, Lodh SB. 1995. Comparative analysis of variability and corrections between quality components in traditional rainfed upland and lowland rice. Indian J Genet Plant Breed, 55 (1): 6-12.

Chen CL, Li CC, Sung JM. 1994. Carbohydrate metabolism enzymes in CO_2-enriched developing rice grains of cultivars varying in grain size. Physiol Plant, 90: 79-85.

Chen S, Xia GM, Zhao WM, et al. 2007. Characterization of leaf photosynthetic properties for no-tillage rice. Rice Science, 14 (4): 283-288.

Chengappa S, Guilleroux M, Phillips W, et al. 1999. Transgenic tomato plants with decreased sucrose synthase are unaltered in starch and sugar accumulation in the fruit. Plant Mol Biol, 40 (2): 213-221.

Counce PA, Gravois KA. 2006. Sucrose synthase activity as a potential indicator of high rice grain yield. Crop Sci, 46: 1501 - 1507.

Denyer K, Sidebottom C, Hylton CM, et al. 1993. Soluble isoforms of starch synthase and starch brancdhing enszyme also occur within starch-granule in developing pea embryos. Plant Jour, 4 (1): 191-198.

Dian WM, Jiang HW, Wu P. 2005. Evolution and expression analysis of starch synthase Ⅲ and Ⅳ in rice. J Exp Bot, 56 (412): 623-632.

Doehlert DC, Kuo TM, Felker FC. 1988. Enzymes of sucrose and hexose metabolism in developing kernels of two inbreds of maize. Plant Physiology, 86: 1013-1019.

Farrar J, Pollock C, Gallagher J. 2000. Sucrose and the integration of metabolism in vascular plants. Plant Sci, 154: 1-11.

Fujita N, Satoh R, Hayashi A, et al. 2011. Starch biosynthesis in rice endosperm requires the presence of either starch synthase I or Ⅲa. J Exp Bot, 5: 1-13.

Gifford RM, Thorne JH, Hitz WD, et al. 1984. Crop productivity and photoassimilate partitioning. Science, 225: 801-808.

Hawker JS, Jenner CF, Niemietz CM. 1991. Sugar metaboism and compartmentation. Aust J plant Physiol, 18: 227-237.

Hizukuri S, Takeda Y, Maruta N, et al. 1989. Molecular structures of rice starch. Carbohydr Res, 189: 227-235.

Horino T, Saikusa T, Onoda A. 1994. Tasty components in water extract of the powder abraded from out-most layer of milled rice. Japan J crop Sci, 63 (Suppl.): 281-282.

Huber SC, Huber JL. 1996. Role and regulation sucrose phosphate synthase in higher plants. Annu Rev Plant Physiol Plant Mol Biol, 47: 431-445.

Jain A, Rao SM, Sethi S, et al. 2012. Effect of cooking on amylose content of rice. European Journal of Experimental Biology, 2 (2): 385-388.

Jang JC, Sheen J. 1994. Sugar sensing in higher plants. Plant Cell, 6: 1665-1679.

Jin DM, Wang WJ, Lan SY, et al. 2002. Dynamic Status of Endogenous IAA, ABA and GA Levels in Superior and Inferior Spikelets of Heavy 143. Panicle Hybrid Rice During Grain

Filling. Journal of Plant Physiology and Molecular Biology, 28 (3): 215-220.

Kaw RN, Dela NM. 1990. Genetic analysis of amylose content, gelatinization temperature and gel consistency in rice. Journal of Genetics and Breeding, 44: 103-112.

Kawagoe Y, Kubo A, Satoh H, et al. 2005, Roles of isoamylase and ADP-glucose pyrophosphorylase in starch granule synthesis in rice endosperm. Plant J, 42 (2): 164-174.

Keeling RL, Bacon RJ, Holt DC. 1993. Elevated temperature reduces starch deposition in wheat endosperm by reducing the activity of soluble starch synthase. Peanta, 191: 342-348.

Kohlwey DE. 1994. New methods for the evaluation of rice quality and related terminology. New York: Marshall Derker Inc.

Koch KE. 1996. Carbohydrate modulated gene exptrssion in plants. Annu Rev Plant Physiol Plant Mol Biol, 47: 509-540.

Kubo A, Fujita N, Harada K, et al. 1999. The starch-debranching enzymes isoamylase and pullulanase are both involved in amylopectin biosynthesis in rice endosperm. Plant Physiology, 121: 399-409.

Kwizera C, Shao XH, Wang WM, et al. 2010. Effects of effective microorganisms on yield and quality of vegetable cabbage comparatively to nitrogen and phosphorus fertilizers. Pakistan Journal of Nutrition, 9 (11): 1039-1042.

Li XM, Bu N, Li YY, et al. 2012. Growth, photosynthesis and antioxidant responses of endophyte infected and non-infected rice under lead stress conditions. J Hazard Mater, 213-214: 55-61.

Lin SC, Yuan LP. 1980. Hybrid rice breeding in China. IRRI Innovative Approaches to Rice Breeding.

Matsushima S. 1976. High-yielding rice cultivation. University Torkyo Press.

McCollum TG, Huber DJ. 1988. Soluble sugar accumulation and activity of related enzymes during musk melon fruit development. Jamer Soc Hort Sci, 113: 399-403.

Mcenzie KS, Rutger JN. 1983. Genetic analysis of amylose content, alkali spreading score, and grain dimensions in rice. Crop Sci, 23 (2): 306-313.

Moriguchi T, Yamaki S. 1988. Purification and characterization of two sucrose synthase from peach (*Prunus oirsica*) fruit. Plant Cell Physiol, 29. 1361-1366.

MuForster C. 1996. Physical associated of starch biosynthetic enzymes with starch granules of maize endosperm. Granule-associated forms of starch synthase I and starch branching enzyme II. Plant Physiol, 111: 821-829.

Muller-Rober B, KoBmann J. 1994. Approaches to influence starch quantity and starch quality in transgenic plants. Plant Cell and Environment, 17: 601-613.

Nakamura Y, Kawaguchi K. 1992. Multiple forms of ADP glucose pyrophosphorylase of rice endosperm. Physiol Plant, 84: 336-342.

Nakamura Y, Yuki K, Park SY, et al. 1989. Carbohydrate metabolism in the developing endosperm of rice grains. Plant Cell Physiol, 30 (6): 833-839.

Nelson CJ, Asay KH, Host GL. 1975. Relationship of leaf photosynthesis to forage yield of tall fescue. Crop Sci, 15: 476-478.

Ohno Y. 1976. Varietal differences of photosynthetic efficiency and dry matter production in Indica rice. Tech Bull Tropic Agric Res Centre, 9: 1-72.

Okamoto M. 1994. Studies on effect of chemical components on stickiness of cooked rice and their selection methods for breeding. Bull Chugoku Natl Afric Exp Stn, 14: 61-68.

Prioul JL, Jeannette E, Reyss A, et al. 1994. Expression of ADP-glucose pyrophoryalse in maize (Zea mays L.) grain and source leaf during grain filling. Plant Physiol, 104 (1): 179-187.

Raines CA. 2011. Increasing Photosynthetic Carbon Assimilation in C3 Plants to Improve Crop Yield: Current and Future Strategies. Plant Physiology, 155 (1): 36-42.

Richards FJ. 1959. Flexible Growth Function for Empirical Use. J Exp Bot, 10 (29): 290-300.

Smeekens S, Rook F. 1997. Sugar sensing and sugar mediated signal transduction in plants. Plant Physical, 115: 7-13.

Smith AM, Denyer K, Matin CR. 1995. What controls the amount and structure of starch in store organ. Plant Physiol, 107: 673-677.

Smyth DA, Henry E, Prescott J. 1989. sugar content and activity of sucrose metabolism enzymes in milled rice grain. Plant Physiology, 89: 893-896.

Sood BC, Siddiq EA. 1986. Possible physico-chemical attributes of kernel influencing kernel elongation in rice. Indian J Genet, 46 (3): 456-460.

South JB, Morrison WR, Nelson OE. 1991. A relationship between the amylose and lipid contents of starches from various mutants for amylose in maize. J Cereal Sci, 14: 267-268.

Sturm A, Tang GQ. 1999. The sucrose cleaving enzymes of plants are crucial for development, growth and carbon partitioning. Trends in Plant Sci (Reviews), 4: 401-407.

Tanase K, Yamaki S. 2000. Purification and characterization of two sucrose synthase isoforms from Japanese pear fruit. Plant Cell Physiol, 41: 408-414.

Tanaka K, Ohnishi S, Kishimoto N. 1995. Structure, organization, and chromosomal location of the gene encoding a form of rice soluble starch synthase. Plant Physiology, 108: 677-683.

Tomar JB, Nanda JS. 1987. Genetics and correction studies of gel consistency in rice. Cereal Research Communications, 15 (1): 13-20.

Watson DJ. 1952. The physiological basis of variation in yield. Advances in Agronomy, 4: 101-144.

Weber H, Borisjuk L, Wobus U, et al. 1995. Cell-type specific, coordinate expression of two ADP-glucose pyrophosphorylase genes in relation to starch biosynthesis during seed development of Vicia faba L. Planta, 195: 352-361.